----------→ 수학사 아는 척하기 ←----------

수학사 아는 척하기

수학의 원리가 한눈에 읽히는 수학사

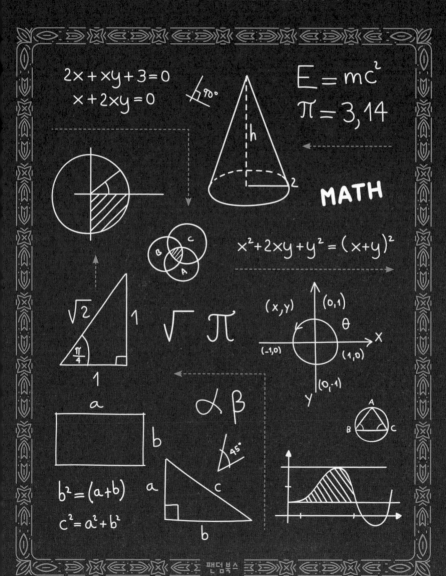

팬덤북스

차

례

왜 수학인가?

모두가 '수학'이란 단어를 들으면 탄식부터 하게 된다. 사람들은 세상엔 두 종류의 사람들이 있다고 생각한다. 수학에 대한 이해력이 뛰어나지만 파티에선 만나고 싶지 않은 너무 똑똑한 사람.

하지만 우리 모두는 어느 정도 수학을 알아야 한다. 수학이 없으면 삶은 상상할 수 없기 때문이다.

 실제로 수학은 우리가 사는 세상, 우리가 만들고 변화시키는 세상, 그
세상의 일부가 되는 길잡이 역할을 한다. 그리고 세상은 점점 더 복잡해
지고 있으며, 우리를 둘러싼 불확실한 환경이 더욱 급박하고 위협적으
로 변함에 따라, 우리가 직면하는 위험을 설명하고, 해결을 위한 계획을
세우는 데 반드시 수학이 필요하다.

수학을 다루는 데는, 춤처럼 인간의 노력이 필요한 다른 분야와 마찬가지로 특별한 재능과 기술이 필요하다. 완성된 발레 공연이 정교하고 절묘하듯 본질적으로 수학도 매우 우아하고 아름답다.

비록 대부분의 사람들은 완벽한 발레 무용수가 될 순 없지만, 우리 모두는 춤을 춘다는 것이 뭔지를 알고 있다. 그리고 사실상 우리 모두는 춤을 출 수 있다. 이와 마찬가지로 우리 모두 수학이 무엇에 관한 것인지 알아야 하며, 특정의 기본 단계만큼은 이해하고 다룰 수 있어야 한다.

계산

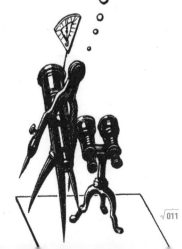

여기서 잠시, 수학을 시작하는 젊은 학도들을 위해, 수학 지식의 발달에 있어 인간이 걸어온 발자취를 간단히 살펴보려고 한다.

아이들은 학교에서 셈을 하고 계산하고, 측정하는 방법을 배운다. 아이들이 학습하는 이런 기술은 지극히 '기본적인' 것으로 보일지도 모른다. 그러나 학습자들에게는 미스터리로 가득하다.

특히 큰 숫자에 이르렀을 때, 숫자에 대한 명칭은 무슨 주문처럼 느껴지기 쉽다. 100까지 세는 것은 지루하지만 1,000까지 세는 것은 산을 오르는 것과 같다! 가장 큰 숫자, 즉 마지막 숫자는 뭘까?

만약 그런 숫자가 없다면 마지막엔 뭐가 있을까?

어떻게 숫자를 하나씩 불러내어 그 숫자들에 이름을 붙일 수 있을까?

아마도 몇 개의 숫자만으로도 충분할지 모른다. 어떤 동물들은 대여섯 개 또는 일곱 개까지 서로 다른 물품을 인식할 수 있다고 하는데, 이것은 그들에겐 단지 '다수'일 뿐이다. 하지만 만약 숫자가 계속된다고 한다면, 새로운 명칭을 무한정으로 만들어낼 수는 없을 것이다.

다코타 인디언의 언어는 기록이라기보다는 표기에 가깝다.

이들 표기는 천에 새겨졌고 상형문자는 검은 잉크로 그렸다. 매년 새 로운 상형문자를 추가해서 지난 해의 주요 사건들을 보여준다.

명칭을 체계화하는 가장 좋은 방법은, 다시 숫자를 세기 시작할 때의 첫 번째 숫자인 '기본수'를 갖는 것이다. 호주 원주민인 구물갈 족에겐 기본수가 단 두 개밖에 없고 매우 간단하다. 예를 들어, 그들은 다음과 같이 계산했다.

1 = 우라폰

2 = 우카사르

3 = 우라폰-우카사르

4 = 우카사르-우카사르

5 = 우카사르-우카사르-우라폰

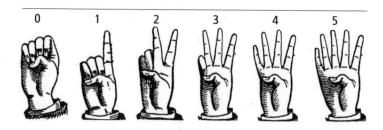

| 0 | 1 | 2 | 3 | 4 | 5 |

손가락은 기본수를 정할 때 유용하다. 어떤 체계에서는 5를 사용하지만, 더 일반적으로는 10을 사용한다. 하지만 다른 많은 기본수들을 사용할 수 있다. 영국의 옛 화폐는 12개1실링 당 12펜스와 20개1파운드 당 20실링, 그리고 21개1기니 당 21실링까지 사용했다.

가게 점원들은 계산하는데 필요한 공책을 항상 옆에 두어야 했다. 사람들이 분납으로 구입할 때도 물품값 155기니를 즉 1파운드 15실링, 7펜스 반 페니에 104주 동안 지불했다고 듣게 될지 모른다.

기본수 20개손가락과 발가락?도 일반적이다. 요루바Yoruba는 이를 이용하여 기본수 내의 더 큰 숫자에서 빼기를 했다. 이들은 1번부터 10번까지 다른 명칭을 붙인 다음, 11에서 14까지 단순하게 추가했다. 11은 '10에 1을 더한' 것이 되고, 14는 '10에 4가 더한' 것이 되었다. 그러나 15 이후부터는 감산을 했다. 그래서 15는 '20에서 5를 뺀' 것이었고 19는 '20에서 1을 뺀' 것이 되었다.

기본수 20 방식은 여전히 프랑스어에 남아 있는데, 80은 '사-이십4×20'이고 99는 '사-이십-십구4×20+19'이다.

이를 컴퓨터로 다룰 때는 2개를 기본수로 사용한다.

따라서 하나의 기본수가 '최선'인 것은 아니다. 숫자 체계는 기억하기 쉽고, 명칭이 편리하고, 계산하기 편리한 다양한 속성을 가지고 설계되었다고 생각할 수 있다.

번호쓰기

　글이 없는 문화에서도 셈을 효과적으로 할 수 있다. 그러나 계산을 하기 위해서는 기억력과 특별한 기술이 필요하다. 각 문명들 사이에서 글쓰기가 퍼지면서 매우 정교한 또 다른 체계들이 나타난다.

　아즈텍인들은 4가지의 기본 기호와 함께 20가지의 체계를 사용했다.

　1은 옥수수 꼬투리를 지정하는 작은 방울로 표시했다. ●

　20은 깃발로 표시했다. ⊓

　400은 옥수수 식물로 지정표시했다. 🌿

　8000은 옥수수 인형으로 기호화했다. 🎎

　이 기호들은 모든 종류의 숫자를 나타내는 데 사용할 수 있다. 예를 들어, 숫자 9287은 다음과 같이 표시할 수 있다.

마야인의 숫자 체계에는 3개의 기호만 있었다.

0

1

2

3

4

5

6

7

8

9

10

11

12

13

14

15

16

17

18

큰점 ● 은 1,

막대 ▬ 는 5,

달팽이 껍질 🐚 은 0이었다.

따라서:

●●● 은 3

●●●▬▬ 은 13

그리고 20은 🐚 으로 나타냈다.

고대 이집트인기원전 4000~3000년경들은 숫자를 표기하기 위해 상형문자그림 문자를 사용했다.

이런 상형문자는 1로 시작했지만 10배씩 늘려서 천 만까지 나타낸다.

| 1 | 10 | 100 | 1000 | 10,000 | 100,000 | 1,000,000 | 10,000,000 |

바빌로니아인기원전 2000년경은 60과 그 배수를 기반으로 하는 체계를 사용했다.

1 ▢ 10 ◯ 60 ▢ 600 ▣ 3600 ◯

나중에, 이들은 오직 두 가지 값만을 기반으로 체계를 진화시켰다.
1의 경우는 ⊤ 또는 위치에 따라 60를, 10의 경우는 ⟨

따라서 95를 표기할 때는,

$95 = 60_1 + 35$: ⊤⟨⟨⟨ ⊤⊤⊤⊤ 로 했다.

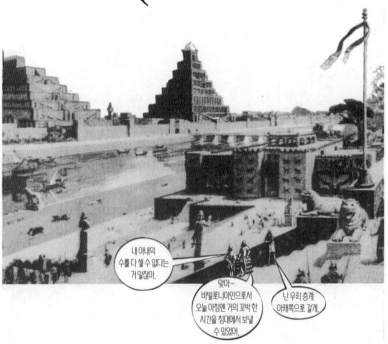

바빌로니아의 60진법 체계는 오늘날까지 존속하고 있다. 원은 360도이고 시간은 60분이다. 1분은 60초이다.

고대 중국기원전 1400년~1100년경은 1에서 10, 100, 1,000, 10,000을 기호화한 십진법 숫자 체계를 사용했다.

기원전 3세기경에, 중국인들은 막대또는 직선를 이용하여 숫자의 형태를 발전시켰고, 이를 수직 또는 수평으로 놓아 1에서 9까지를 나타냈다.

일반적으로 수직 막대는 일의 자릿수, 백의 자릿수를 나타냈고, 수평 막대는 십의 자릿수와 천의 자리수를 나타냈다.

그래서 6708을 표시할 때 '0' 나타내는 부분은 빈칸으로 남겨 두었을 것이다.

중국인들은 숫자의 명칭과는 전혀 다르게 기호로 써넣는 위대한 발명을 하게 된다. 이것이 바로 '자릿수' 체계이다.

양量을 표현할 때 숫자의 의미는, 숫자가 놓여 있는 위치에 따라 달라진다.

'2'가 위치에 따라 2 또는 20, 200을 의미할 수 있는 것이다. 이 방식은 상위 기본값에 별도의 명칭을 붙일 필요가 없도록 했다. 즉 우리는 234에서 2가 200을 의미한다는 것을 알고 있다.

인도인들은 세 가지 다른 유형의 숫자 체계를 개발했다.

카로스티Kharosthi, 기원전 400년~200년는 10과 20에 대해 기호를 사용했고, 숫자를 100까지의 숫자는 덧셈으로 만들었다.

브라흐미Brahmi, 기원전 300년는 1, 4, 9, 10, 100, 1,000 등의 숫자에 별도의 기호를 사용했다.

괄리오르Gwalior, 850년는 숫자 1부터 9까지, 그리고 0을 나타내는 기호를 사용했다.

숫자를 생각해 봐…
이제 그것을 두 배로,
세 배로, 네 배로…

인도인들은 큰 수를 불편해하지 않았다. 힌두교의 고전적인 문헌들은 1,000,000,000,000나 되는 큰 숫자에도 명칭을 부여했다!

고대 그리스인들기원전 900년~200년은 대등한 두 체계를 가지고 있었다. 첫 번째 체계는, 숫자의 명칭 첫 문자음절를 기반으로 한다. 그래서 5는 글자 pi로, 10은 문자 델타△ 로, 100은 문자 H를 기호로 사용했다.

기원전 3세기경에 등장한 두 번째 체계는, 그리스 알파벳의 모든 문자와 페니키아 알파벳 세 가지 문자를 사용하여 총 27개의 숫자 기호를 만들었다.

알파벳의 처음 9개 문자는 1부터 9까지의 숫자를 의미했고, 두 번째 9개의 문자는 10부터 90까지 10단위로 사용되었고, 마지막 9개의 문자는 100부터 900까지 100단위를 나타내는 문자로 사용했다.

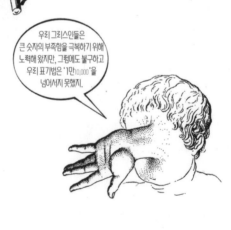

우리 그리스인들은 큰 숫자의 부족함을 극복하기 위해 노력해 왔지만, 그럼에도 불구하고 우리 표기법은 '1만10,000'을 넘어서지 못했지.

로마 체계기원전 400년~600년에서는 총 일곱 가지의 기호가 사용되었다. I는 1, V는 5, X는 10, L은 50, C는 100, D는 500, M은 1,000이다.

숫자는 왼쪽에서 오른쪽으로 쓰이며, 가장 큰 수는 왼쪽에 놓이고, 숫자를 모두 더하면 지정된 수가 된다.

따라서 LX는 60이다.

편의를 위해, 왼쪽에 있는 작은 수는 뺄셈으로 이해했다.
따라서, MCM은 1,900을 의미한다.

로마 숫자는 오늘날에도 여전히 장신구 등에 사용되고 있지만, 빠른 속도로 계산하기엔 적합하지 않다.

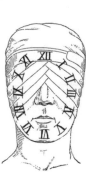

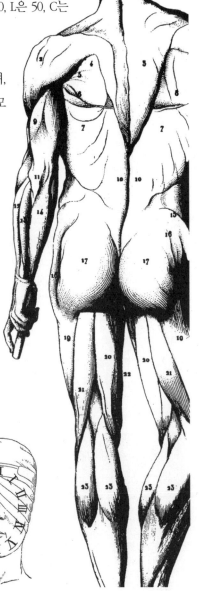

숫자에 알파벳을 사용함으로써 고도로 발달된 '게마트리아Gematria'라는 점성술이 등장하게 되었다. 특히 어떤 단어나 명칭이 주어지면, 사람들은 숫자를 만들어내기 위해 글자를 재배열하고, 그것이 의미하는 바와 자질을 면밀히 살펴보게 된다. 자신의 이름으로 666이 나오면 분명히 안 좋은 일이었다!

이슬람 문명서기 650년~현재은 두 종류의 숫자를 발전시켰다. 두 종류는 비슷했지만, 하나는 이슬람 세계의 동쪽 지역 아랍과 페르시아에서 사용되었고, 다른 하나는 서쪽 지역 마그레브와 스페인 무슬림에서 사용되었다. 둘 다 0부터 9까지 10개의 기호를 포함하고 있었다.

동쪽 지역 표기법: • ٩ ٨ ٧ ٦ ٥ ٤ ٣ ٢ ١

서쪽 지역 표기법: 1 2 3 4 5 6 7 8 9 0

동쪽 지역 표기법은 여전히 아랍 세계 전역에서 사용되고 있다. 서쪽 지역 표기법은 현재 우리가 '아라비아 숫자'라고 부르는 것으로, 오늘날 우리가 사용하는 숫자 체계이다.

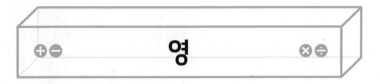

영

영은 비교적 늦게 발명된 것서기 6세기경으로, 중국과 힌두 문명의 공동 산물인 것으로 보인다. 중국인들은 자릿값을 표기하기 위해 그것들을 필요로 했는데, 그들은 '이백오'라는 숫자에서 공백을 어떻게 나타냈을까?

　단지 25로 표기하는 것은 틀리기 때문에, 그들은 2-5처럼 빈 곳을 '채울' 무언가가 필요했다. 그러나 '0'의 완전한 의미는 '공공백'에 대한 철학적 추측이 고도로 발달한 인도 문명에서 발전되었다.

영은 매우 특이해서 영을 발명하는 데 이런 문화적 배경이 필요했다. '영'은 추가할 수 있기 때문에, 어떤 면에서 다른 숫자들과 마찬가지로 적용할 수 있다.

0은 계산에 필수적이지만 세는 데 사용되지는 않는다. 첫 번째는 '0 번째'를 말하는 것이 아니다. 이 역설은 달력에 잘 나타나 있다. 서기 달력의 시작에 0세기가 없기 때문에 1900년대는 20세기인 것이다.

또한 '화석에 관한 농담'에서 알 수 있듯이 0에는 두 가지의 의미가 있다. 박물관 가이드는 학교 파티에서 이렇게 말한다.

물론 모든 사람들이 우스꽝스러운 이야기라는 것을 알았지만 학생 중 한 명이 합산을 했다. 그 누구도 65 뒤에 오는 6개의 0은 '셈'이 아니라 자리를 채우는 '자릿수'일 뿐이라고 말해주지 않는다. 그런 0에 대해서는 $0 \times 4 = 0$이 아니고, 또한 $0 + 4 = 0$이다! 아마도 초기 수학자들이 0과 같이 이상한 숫자에 대해 의구심을 가진 이유는 이와 같은 역설 이제 학생들이 조심스럽게 보호되는에 대한 인식 때문이었을 것이다.

특별한 수

특별한 수 중 일부
는 '고유성을
가진 수'이며,
마법의 속성을
가진 것으로 여겨질
수 있다. 3, 5, 7 및 13은 각각
고유한 방식으로 특별하다. 또한 이들 수는 우리의 흥
미를 끄는 산술적 속성에 의해 정의되
는 종류의 수이기도 하다.

소수는 1과 자기 자신 외에는 다른
수로 나눌 수 없는 수이다.

'완전'수는 자신의 '약수'의 합과 동
일한 수다. 따라서 약수가 1, 2, 3 인 6
은, 1 + 2 + 3 = 6이므로 완전수이다.

0 외에도 우리가 잘 알고 있어야 할 다른 종류의 특별한 수가 있다.

예는 3, 5, 7, 11, 13, 17, 19.

다른 하나는 28 = 1 + 2 + 4 + 7 + 14 다음 하나는 496…은 너가 해봐.

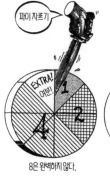

파이 자르기

EXTRA! 여분!

8은 완벽하지않다.

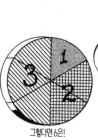

그렇다면 6은!

이러한 수는 고대에 매우 특별한 것으로 간주되어 이름이 붙여졌다.

그림 두 번 잘못하면 올바른 것이 될까?

$\frac{2}{5}$와 $\frac{1}{3}$을 더해보자: 빵 자르기로…

$=\frac{11}{15}$

엉덩이로 숫자 그림 그리기!

'**음수**'는 0보다 작으며 추운 날씨의 온도처럼 '마이너스- 부호'로 표기한다. 음수는 반드시 필요하지만, $(-1) \times (-1) = +1$에서와 같이 그 자체로 역설적이라 할 수 있다.

'**분수**' 또는 '**유리수**'는 $\frac{2}{3}$와 같이, 두 정수연수의 비로 표현할 수 있는 수이다. 계산에는 필요하지만 세는 데 사용할 수 없다—단위 분수도 없고 4 다음 5와 같이 이어지는 숫자도 없다. 그래서 숫자로 받아들여지는 데까지 오랜 시간이 걸렸다. 또한 그 수들만의 특별한 계산법이 있어서 이해하기 쉽지 않다.

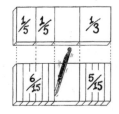

위에서 언급한 모든 수는 인도나 중국과 같이 다른 위대한 문명들에 알려져 있었다. 그리스인들 사이에서 처음으로 이론 수학이 발달하기 시작하면서, 새로운 수의 발견과 함께 수들의 새롭고 특이한 속성들이 나타났다.

무리수는 두 개의 정수의 비로 표현할 수 없는 수다. 중요한 예로 기하학적 연산으로 얻어진 √2이다. 이 수는 직각을 이루는 두 변의 길이가 같은 직각삼각형의 '빗변'의 길이이다. 그리고 이 숫자를 '무리수'라고 한다.

어떤 수량은 매우 '비합리적'이어서, 대수 연산으로 생성된 수조로 표현할 수 없다.

이런 수 중 가장 유명한 것이 파이 또는 π로, 원주와 지름의 비율인 원주율이다.

그 비를 무리수로 나타내는 문제를 '원적 문제'라고 불렀다. 수학자들은 이를 수세기 동안 시도했지만 현대에 와서 그것은 불가능한 것으로 판명되었다. 그후 그 수를 이렇게 불렀다.

파… 파이, 맞지?

초월수

허수는 실수에 −1의 제곱근 $\sqrt{-1}$ 이라는 '가상'의 수를 곱할 때 생긴다.
허수에 실수가 더해진 수를 '복소수'라고 한다.

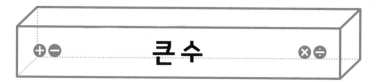

큰 수

대부분의 사람들은 큰 수에 압도당하기 쉽고 실제 크기를 인식하기 어렵다.

1천 억은 훨씬 더 벅찬 숫자로 보인다. 그러나 오늘날 한 국가, 특히 개발도상국이 그만큼 많은 빚을 지고 있는 것은 드문 일이 아니다. 빚에 시달리고 있는 나라가 만약 1초에 1파운드또는 달러, 하루 24시간, 주 7일, 1년에 52주를 지불한다고 하면, 다 갚는 데까지 3,180년이 걸릴 것이다.

우리가 얼마나 쉽게 큰 수에 도달할 수 있는지는 오래된 폐해인 행운의 편지로 잘 보여줄 수 있다. 한 사람이 두 명의 친구에게 편지를 보내고, 그것을 복사해서 다시 각각 두 명의 친구에게 보내는 식으로 편지를 보내라고 부탁한다. 즉 첫 번째 사람은 2명에게 편지를 보내고, 두 번째 단계에서는 2 × 2 또는 4개의 편지를 발송하게 된다. 세 번째 단계에서는 2 × 2 × 2 또는 8개의 편지를 발송하게 된다. 이렇게 해서 10억 개의 편지를 발송하는 데에 도달하려면 몇 단계가 걸릴까?

거듭제곱

천둥소리! 나에게 힘이 넘치고 있어!

10억1,000,000,000을 쓰는 것은 상당히 번거로운 일이다. 다행히도 많은 수를 쓰는 데 매우 편리한 개념이 있다. 10억은 실제로 $10 \times 10 \times 10 \times 10 \times 10 \times 10 \times 10 \times 10 \times 10$ 과 같다는 것을 알 수 있다.

따라서 10×10을 10^2으로, 10×10을 10^3 등으로 표시한다면, 1백만을 10^6으로, 10억을 10^9로 쓸 수 있다. 또한 50억은 5×10^9로 쓸 수 있다.

거듭제곱은 지수로 표시된 횟수만큼 그 자체를 곱한다는 것을 의미한다.

따라서 2^5은 $2 \times 2 \times 2 \times 2 \times 2$, 또는 32를 의미한다.

다음 문제를 살펴봄으로써 이 표기법에 대한 친숙도를 높일 수 있다.

이 중 가장 작은 것은 $2^{2^2} = 2^4 = 16$입니다. 그리고 다음은 222가 된다. 그 다음은 $22^2 = 484$. 그리고 가장 큰 것은 $2^{22} = 4,194,304$이다.

거듭제곱 표기법은 분수에도 적용할 수 있다. 분수를 거듭제곱으로 나타낼 때는 단지 지수 앞에 음의 부호를 놓기만 하면 된다. 10^{-1}은 $\frac{1}{10}$, 10^{-2}은 $\frac{1}{100}$, 10^{-3}은 $\frac{1}{1000}$을 의미하고, 그 다음도 마찬가지이다.

마찬가지로 사진이나 지도를 X배 확대한다면, X^2배의 종이가 필요할 것이다.

X, X^2, X^3, X^4, 그리고 X^5는 X의 1제곱, 2제곱, 3제곱, 4제곱, 5제곱이라고 한다.

일찍부터 거듭제곱은 기하학적 의미에서 '평방' 및 '입방'으로 묘사하기도 했다. 당연히 2, 3, 4 또는 5 대신에 어떤 숫자도 들어갈 수 있다. 임의의 수를 n이라 하면 X^n은 X의 n제곱이라고 한다.

무슬림 수학자 이븐 야햐 알 사마왈ibn Yahya al-Samaw'al, 1175년 사망은, 19세의 나이에 자신의 저서《대수학의 탁월함al-Bahir fi'l-jabr》을 썼다. 그는 여기서 0제곱 정의를 처음으로 도입했다.

로그 대수

로그는 어떤 수를 나타내기 위해 한 수를 몇 번 곱하여야 하는지를 나타내는 것이다. 곱해지는 수를 밑이라고 한다. 10^2 = 100이므로 $\log_{10} 100 = 2$ 이다. 우리는 이것을 다음과 같이 읽는다. 로그 10의 100.

　로그의 가장 일반적인 밑은 10과 e입니다101 페이지 참조. 모든 x에 대해 x^0 = 1이므로 모든 밑에 대해 log1 = 0이다.

　두 개의 로그식을 곱하거나 나누기 위해, 우리는 숫자의 곱하기와 나누기가 이들 거듭제곱의 더하기, 빼기와 일치한다는 사실을 활용한다.

　따라서 log(x×y)는 log x + log y와 같다.

로그는 하나의 리듬,
로그는 하나의 음악…

PTUI!

덧셈은 곱셈보다
훨씬 쉬워.

로그는 길고 복잡한 계산을 단순화하는 데 매우 유용하다. 두 수를 곱하거나 나누려면, 표에서 두 수의 '로그'를 찾아 더한뺀 뒤, 표에서 그 합차을 찾아 대응되는 수를 읽으면 된다.

더하기 또는 빼기하고 표에서 결과 숫자를 찾아 합계 또는 몫를 읽는다.

첫 번째 표는 스코틀랜드의 수학자인 존 네이피어John Napier, 1550~1617년가 만들었다. 이 로그표는 e를 밑으로 두었고, '자연도그밑 때문에' 또는 '네이피언발명자를 위해'이라고 불린다.

계산

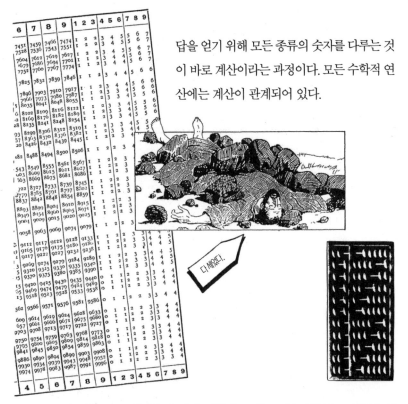

답을 얻기 위해 모든 종류의 숫자를 다루는 것이 바로 계산이라는 과정이다. 모든 수학적 연산에는 계산이 관계되어 있다.

더 빼야지!

한 때는 돌로 계산을 한 적이 있었다. 고대 그리스 인들은 조약돌을 사용하여 기초적인 계산을 했다. '켈큘레이트calculate'라는 영어 단어의 어원은 '조약돌'을 의미하는 라틴어 켈큘러스calclus, 미적분이다.

얼마 전까지 줄에 구슬을 꿰어 만든 주판은 가장 널리 쓰인 계산 도구였다. 오늘날에도 숙련된 주판 사용자는 디지털 키보드 작업자가 키를 두드리는 것보다 더 빠르게 구슬을 다룰 수 있다!

계산기는 두 가지의 기본 형태로 진화했다. 즉 덧셈과 뺄셈으로 제한된 단순 덧셈 계산기와 곱셈과 나눗셈을 하는 계산기로 발전했다.

최초의 덧셈 계산기는 1642년 프랑스의 수학자 **블레즈 파스칼**Blaise Pascal, 1623~1662년이 발명했으며 휴대할 수 있었다. 1671년 독일의 수학자이자 철학자인 **고트프리트 라이프니츠** Gottfried Wilhelm von Leibniz, 1616~1716년는 반복적인 덧셈을 통해 곱셈을 가능하도록 한 장치를 개발했다.

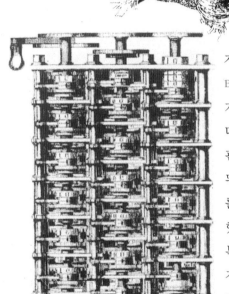

1822년, 영국의 수학자이자 발명가인 **찰스 배비지**Charles Babbage, 1792~1871는 작은 덧셈 기계를 만들었다. 10년 후, 그는 디지털 컴퓨터의 전신인 '차분기관Difference Engine'을 구상했다. 그 뒤 그는 훨씬 더 야심찬 '계산기'를 만들려고 했지만 완성하진 못했다. 그러나 그것을 모방한 일부 복제품들이 만들어졌고, 그것은 지금까지 남아 런던의 과학박물관에 보관되어 있다.

계산이 아무리 복잡해도 문제를 푸는 데 항상 충분한 건 아니야. 때로는 방정식이 필요해.

방정식

방정식은 수학의 핵심이다. 초등수학을 제외하면 방정식은 순수수학과 응용수학의 모든 분야와 물리학 및 생물학, 사회과학에서 사용된다.

명칭에서 알 수 있듯이 방정식은, 두 개의 식을 같다고 놓는다. 거기에는 일반적으로 알려지지 않은 수량이 포함된다. 일반적으로 이를 **'변수'**라고 하며, 다른 것들은 **'상수'** 또는 **'매개 변수'**라고 한다. 방정식은 수량을 정의하거나 변수 간의 관계를 표현하는 데도 사용할 수 있다.

방정식이 발명되기 전에 사람들은 수학 문제는 각양각색의 기발하고 복잡한 방법으로 풀어야 했다. 이제 그 방법들은 매우 단순한 형태가 되었다.

방정식 5x + 8 = 23에서 x는 구해야 할 미지수이다. 이는 시행착오나 간단한 작업양쪽에서 8을 뺀 다음 양쪽을 5로 나눈다을 통해 해결할 수 있다.

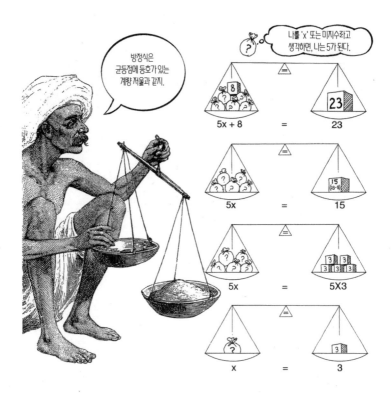

이 방정식은 x = 3일 때, 방정식의 양쪽이 동등한지 확인함으로써 '만족' 또는 '해결'이 된다.

가능한 모든 변수값이 방정식을 만족시킬 때, 이를 항등식이라 한다. 예를 들어, 방정식 $(x + y)^2 = x^2 + 2xy + y^2$는 가능한 모든 미지수의 값에 대해 참이기 때문에 항등식이다.

이러한 항등식은 복잡한 식을 더욱 간단한 식으로 대체 할 수 있기 때문에, 대수를 다루는 데 있어 매우 유용하다.

선형 방정식은
방정식 5x + 8 = 23과 같이 변수의
거듭제곱이 1이다. 이를 좌표평면에 그리면
직선이기 때문에 선형이라고 한다.

2차 방정식의 예는 거듭제곱이 2인 변수가 있다.
이 방정식에는 비록 같을 수 있지만 항상 두 개의 근이 있다.
예를 들어, $x^2 = 4$와 $2x^2 - 3x + 3 = 5$는 모두 2차 방정식이다.
두 방정식의 근을 각각 (+2, -2) 및 $(2, -\frac{1}{2})$이다.
같은 근을 가진 이차 방정식의 예는 $x^2 - 4x + 4 = 0$이고,
그 근은 x = 2이다.

3차 방정식에는 거듭제곱이
3인 변수가 있다. 3차 방정식은 항상 세 개의
근을 갖으며, 그 근 중 2개 또는 3개가 모두 같을 수 있고,
2개 3개 모두는 절대 아니는 복소수일 수 있다.
3차 방정식의 예는 $x^3 - 6x^2 + 11x - 6 = 0$이고,
이 이차방정식의 근은 x = 1, 2, 3이다.

4차 방정식까지 연산과 제곱근이 포함되는 공식으로 방정식의 근을
나타낼 수 있다. 2차 방정식 $ax^2 + bx + c = 0$의 근의 공식은 다음과 같다.

이러한 대수 방정식의 차수에는 제한이 없지만, '5차 방정식'부터는 좀 다르다. 수세기 동안 수학자들은 5차 방정식의 근을 나타내기 위해, 47페이지와 같은 연산 및 제곱근 공식을 찾으려고 노력했다. 하지만 결국 19세기 초에 불가능한 것으로 판명되었다.

방정식은 각 항에 두 개 이상의 변수를 가질 수 있다. 예를 들어, 방정식 xy = 1은 기하학적 도형인 '쌍곡선'을 설명하는 데 있어 매우 기본적인 것이다.

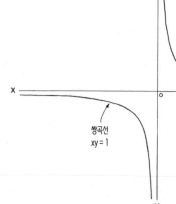

쌍곡선
xy = 1

방정식의 차수는 방정식의 최고차 항에서 각 변수의 거듭제곱의 합으로 정의할 수 있다. 예를 들어 방정식 $ax^5 + bx^3y^3 + cx^2y^5 = 0$에서 최고차 항은 cx^2y^5이다.

변수가 두 개인 단일 방정식은 보통은 풀 수가 없다. 하지만 변수만큼 방정식이 많으면 해를 구할 수 있다. 또한 연립방정식에는 두 개 이상의 미지수와 관련된 두 개 이상의 방정식이 있으며, 때때로 간단한 방법으로 풀 수 있다.

예를 들면:

1.
$$2x + xy + 3 = 0$$
$$x + 2xy = 0$$

2. 첫 번째 방정식에 2를 곱하면 다음과 같다.
$$4x + 2xy + 6 = 0$$

3. 여기서 두 번째 방정식을 빼면 다음과 같다.
$$3x + 6 = 0$$

4. 그러면 $x = -2$를 얻을 수 있다.

이제 이 값을 첫 번째 방정식에 대입하면 $y = -\frac{1}{2}$를 얻을 수 있다. 더 복잡한 연립방정식도 때때로 이와 같은 방식으로 풀 수 있다.

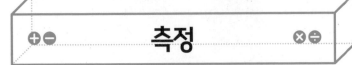

측정

 측정은 수학에서 필수적인 부분이다. 우리는 시간부터 치수, 무게, 용량, 크기, 높이, 전기 열과 빛까지 거의 모든 것을 측정한다. 심지어 이원_{자원자보}다 더 작은 입자 에너지와 별까지의 거리도 측정한다.

요즘은 지능을 측정하고 환경과 같은 바람직한 일의 가치를 측정하기도 한다.

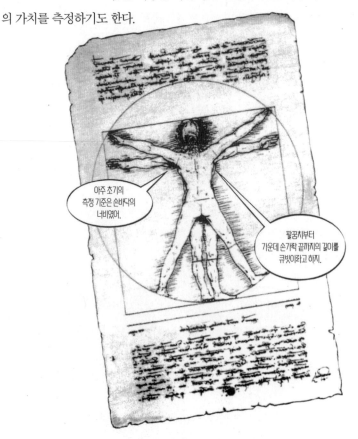

오늘날에는 과학을 기반으로 측정하고 있어.

'국제단위체계Système Internationale'는 프랑스 혁명 중에 도입된 미터 법에서 유래했다. 미터법은, 길이는 미터m, 시간은 초s, 질량은 킬로그램kg과 같이 기본 양에서 파생된 단위들의 관련 집합을 제공한다. 대부분의 실제 측정값들은, 길이의 경우 밀리미터mm와 같이 10의 거듭제곱으로 표기한다.

시간은 예외지. 프랑스의 개혁가들이 한 달을 10일씩 3개조 나누고, 하루를 100분씩 10시간으로 나누려고 했던 시도는 매우 인기가 없었어. 그 결과 우리는 지금도 여전히 바빌론에서 창안된 시스템을 사용하고 있지.

각 기본 단위에는 공식 국제위원회가 관찰하는 정의 및 측정 절차가 있다. 더 나은 방법이 나타난다면 정의는 변경될 수 있다.

미터는 지구 둘레의 4천만 분의 1로 시작되었지. 이번 세기에는 빛의 속도로 측정되었고, 지금은 특정한 색의 파장에 의해 측정돼.

많은 나라에서는 여전히 파운드와 야드, 핀트와 쿼트를 포함하는 영국의 오래된 파운드, 야드법을 사용한다. 그러나 주의 하라. 미국의 파인트, 쿼트, 갤런은 영국의 $\frac{4}{5}$에 지나지 않는다. 그래서 갤런 당 주행거리가 낮은, '휘발유를 많이 소비하는' 자동차는…

…보이는 것만큼 나쁘진 않네!

EMPRESS OF INDIA 인도의 황후

저주 받은 식민지!

계산은 정확한 수와 관련된 개별 수량에 관한 것이다. 이와는 대조적으로 측정은 연속적인 크기와 관련이 있다.

정확한 측정은 없다. 측정 대상인 물체를 표준과 비교할 때, 우리는 항상 가장 미세한 크기로 점 사이를 채운다. 그리고 복잡한 측정에 대한 모든 보고서에는, 이와 관련된 불확실한 '경계'를 나타내는 '오차 막대'가 있다. 또는 있어야 한다!

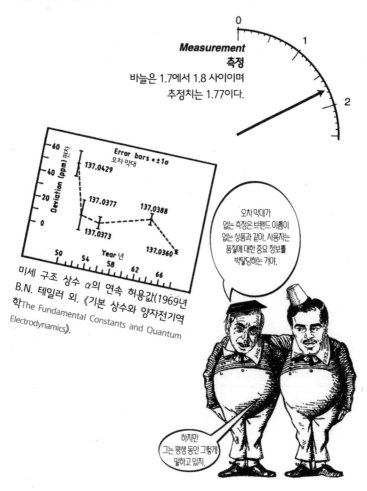

Measurement
측정

바늘은 1.7에서 1.8 사이이며
추정치는 1.77이다.

Error bars = ±1σ
오차 막대

137.0429

137.0377

137.0388

137.0373

137.0360

Deviation (ppm) 편차

Year 년

미세 구조 상수 α의 연속 허용값(1969년
B.N. 테일러 외. 《기본 상수와 양자전기역
학The Fundamental Constants and Quantum
Electrodynamics》.

오차 막대가
없는 측정은 브랜드 이름이
없는 상품과 같아. 사용자는
품질에 대한 중요 정보를
박탈당하는 거야.

하지만
그는 평생 동안 그렇게
말하고 있지.

선사시대부터 건축과 설계를 위해 측정이 사용되어 왔다. 고고학자들은 스톤헨지와 같은 고대 유적들이 천문학적 동향을 관찰하기 위해 정확히 배열되었고, 그것들의 평면도는 설계를 위해 기하학적인 구조가 필요했다는 사실을 알 수 있었다. 중세 유럽의 교회는 미묘한 비율로 설계되었고, 르네상스 시대에 '신성한 비율' 이론이 건축과 예술의 밑바탕이 되었다. 이집트의 위대한 피라미드는 여러 세대에 걸쳐 고고학자들에게 도전을 요구하고 있다.

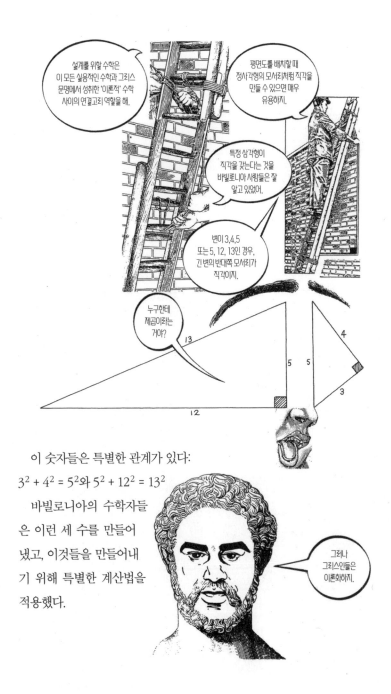

이 숫자들은 특별한 관계가 있다:

$$3^2 + 4^2 = 5^2 와 5^2 + 12^2 = 13^2$$

바빌로니아의 수학자들은 이런 세 수를 만들어냈고, 이것들을 만들어내기 위해 특별한 계산법을 적용했다.

그리스 수학

기원전 7세기부터 그리스인들은, 인간과 신의 관계에 대한 종교적 질문에서, 자연법칙에 대한 조사를 점진적으로 분리했다. 정치가이자 수학자인 밀레토스 Miletos, 기원전 624는 아리스토텔레스가 이집트에서 그리스로 수학을 가져 왔다고 주장했다.

이러한 사고방식은 이후 모든 그리스 과학과 수학을 특징짓게 되었다. 그리스인들은 하늘과 땅에 대한 설명을 위해 자연이론을 탐구했다.

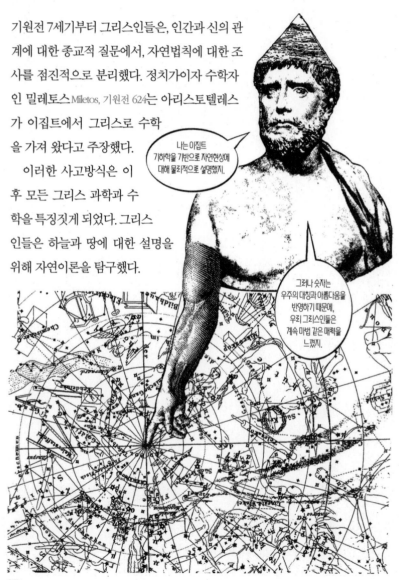

나는 이집트 기하학을 기반으로 자연현상에 대해 물리적으로 설명했지.

그러나 숫자는 우주의 대칭과 아름다움을 반영하기 때문에, 우리 그리스인들은 계속 마법 같은 매력을 느꼈지.

피타고라스

나 피타고라스(기원전 580~500)는 단순한 수학자가 아니라, 다양한 음식 및 활동을 통해, 고행과 금욕을 실천한 신비주의적 종교 창시자이자 시민 지도자였지.

피타고라스 추종자들은 조화는 악카가 가진 현의 길이의 비가 만들어낸다는 사실을 발견했다.

옥타브는 두 줄의 현으로 만들어지며, 하나는 다른 하나의 절반 길이이고, 5번 째 줄의 경우, 그 비율은 2:3이다.

피타고라스는 자신의 이름을 따서

이것은 수학이 마법의 특성을 가지고 있고, 숫자가 모든 것에 대한 해답을 갖고 있다고 하는 신성한 관계 및 아름다움을 반영한다고 믿게 만들었지.

명명한 피타고라스의 정리로 유명한데, 직각 삼각형에서 직각을 낀 두 변의 제곱의 합이 빗변의 제곱, 즉 $a^2 + b^2 = c^2$와 같다고 한 것으로 유명하다. 우리가 보았듯이 이것은 이미 잘 알려져 있지만, 피타고라스가 일반적인 증명을 처음 시도한 사람이라고 추측할 수 있다.

비록 이 이야기는 그의 사후 수백 년 동안 알려지지 않았다. 하지만 수학을 단순한 실용적인 학문에서 철학적 의미를 가진 것으로 바꾸려 했던 그의 이야기는, 오늘날 우리가 알고 있는 그의 노력과 일치한다.

또한 피타고라스 추종자들은 다각형과 '정다면
체5가지만 있고 더는 없음'로 된 규칙적이고 기하학적인
도형에 감탄했다. 이 수들의 관계 중에서 어떤 것들은 수
의 비로 나타낼 수 없다는 사실을 알게 되었을 때, 이들은 큰 위
기를 경험했다고 전해진다. 그런 '괴상한' 수 중 가장 쉬운 수는 정사각
형의 한 변의 길이와 그 대각선의 비다.

0의 역설

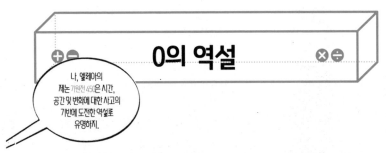

나, 엘레아의 제논 기원전 450은 시간, 공간 및 변화에 대한 사고의 기반에 도전한 역설로 유명하지.

제논은 네 가지의 역설을 통해, 공간을 유한하게 또는 무한하게 나눌 수 있다고 생각하든 안 하든, 또는 단순한 움직임인지 상대적 움직임인지, 고려하든 안 하든 상관없이 모순이 있음을 보여 주려고 했다.

가장 잘 알려진 역설은 거북이를 쫓는 아킬레스더 빠른 주지에 관한 것이다. 한 번의 도약으로 아킬레스는 거북이와의 간격을 반으로 줄였다. 그리고 다시, 그리고 또 다시…

이러한 분석을 고려할 때, 그가 거북이를 추월하는 것에 대해 어떻게 설명할 수 있을까?

하지만 '마지막' 도약은 없다!

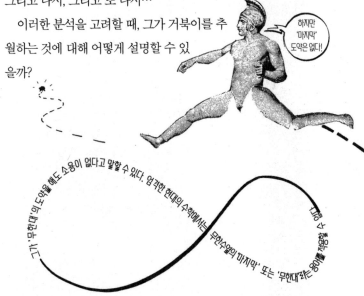

그가 '무한대'의 도약을 해도 소용이 없다고 말할 수 있다. 엄격한 현대의 수학에서는 무한수열의 '마지막' 또는 '무한대'라는 양을 정의할 수 없다.

이 역설은 공간을 무한대로 나눌 수 있도록 허용한다면, 움직임을 설명할 때 역설이 발생한다는 것을 보여준다.

제논은 운동에 관한 세 가지의 다른 역설과, 일반적인 변화에 관한 다른 역설을 가지고 있다. 여기에 그 예가 있다. 만약 우리에게 다음과 같은 지시가 내려졌다고 가정한다면…

물론 그렇게는 안 되겠지만 통이 가득 차면 다음과 같이 말한다.

그러나 물로 전환된 지점은 표시할 수 없다. 그 후 제논은 위 그림과 같이 주장했다.

철학자들은 제논이 살아온 이후를 계속 추적했지만, 아킬레스처럼 결코 알아내지는 못했다. 아마도 제논은 수학적 개념에 대해 우리에게 말하고 싶은 게 있었을지 모른다. 즉 우리는 그것들이 분명하다고 믿고 싶어 하지만 아마도 그것들은 사실 모순적일지도 모른다.

유클리드

나, 유클리드
Euclid, 기원전 323~
285는 논증기하학의
아버지이다.

유클리드의 발상은 서양 수학에 큰 영향을 미쳤으며 최근까지도 기하학의 기초가 되고 있다. 그는 눈금자와 나침반원호를 그리기 위해과 같이 이상적인 도구를 사용하여, '작도'에 기반한 증명이라는 전통을 체계화했다. 이를 통해 수치로 나타내지 않고서도 숫자와 도형에 관한 것들을 증명할 수 있었다. 이는 그리스 수학의 일대 변화였는데, 일반적이고 추상적인 방식으로 증명한다는 발상이었다.

유클리드는 자신의 작품《원론The Elements》에서 그 유명한 기하학의 기초를 제공하고, 증명을 위해 허용되는 작도를 정의했다. 또 다른 더 복잡한 구조가 알려졌고, 몇몇 증명을 더 쉽게 만들었지만 '기하학적'이라거나 적절한 것으로 간주되지는 않았다. 그는 '점'과 '선'과 같은 용어를 정의한 후, 수량에 대한 5개의 '공통개념common notions'과 작도에 대한 5개의 '공준common notions'을 제시했다.

공통개념:

1. 두 수가 세 번째 수와 각각 같으면 그 둘은 같다.

$$a = c \ , \ b = c \ , \ a = b$$

2. 동일한 것에 동일한 것을 더하면 동일하다.

$$= \ + \ = \ = \ =$$

3. 동일한 것에서 동일한 것을 빼면 나머지도 동일하다.

$$= \ - \ = \ = \ =$$

4. 일치하는 두 가지는 동일하다.

$$\textcircled{:} = \textcircled{:}$$

5. 전체는 부분보다 크다.

$$WHO{\small 전체}LE$$

공준:

평면에서는 다음이 성립 한다고 하자.

1. 임의의 두 점 사이에 선을 그릴 수 있다.

2. 모든 선은 어느 방향으로든 무제한 연장될 수 있다.

3. 어떤 중심에서든 반경을 갖는 원을 그릴 수 있다.

4. 모든 직각은 동일하다.

5. 한 직선이 다른 두 개의 직선을 가로지를 때 만들어진 내각
   의 합이, 직각 두 개의 크기보다 작으면
   그 두 직선은 만난다.

처음 세 개는 작도를 정의하지만, 마지막 두
개의 '공준'은 실제 정리定理이다. '평행선 공준
공리'라고도 하는 다섯 번째 공준은 후대의 수학
자들에겐 끊임없는 도전이었다. 결국 그것은 다
양한 종류의 기하학을 설명하는 열쇠가 되었다.

이를 바탕으로 유클리드는 '피타고라스의 정리'를 포함하여, 자신의 시대에 알려진 모든 기하학적 결과들을 추론했다. 그것들은 명백히 어려웠지만, 그럼에도 불구하고 그의 공리는 나중에 자명한 진리로 판명되었고, 그로부터 도출된 결론들도 마찬가지로 진실로 여겨진다. 기하학은 인간의 이성으로만 얻을 수 있는 진정한 지식의 위대한 본보기로 받아들여진다.

유클리드의 뒤를 이은 또 다른 위대한 수학자는 아르키메데스 기원전 287~212다. 그는 구 및 원통과 같은 여러 도형의 겉넓이와 부피뿐만 아니라, 곡선으로 이루어진 도형의 넓이를 산출하는 방법을 고안해 냈다. 그리고는 π의 근삿값을 알아냈다.

중국의 수학

중국인은 형식 논리에 정말로 관심이 없었다. 그렇기 때문에 '유클리드의 원론'에서 찾을 수 있는 엄격한 방식의 증명을 진화시키지 못했다. 그들은 사상을 실용적으로 적용하는 것에 더 관심을 갖고 있

우리가 이 금액으로 괜찮은 집을 구할 수 있다면 그 이론은 잊어버려!

었고, 그런 이유로 수학을 공부하지 않았다.

그렇다고 해서 그것이 피타고라스의 증명과는 지극히 다른 직각삼각형의 변에 대한 그들만의 증명을 발명하는 것을 막지는 못했다. 그리스인들과는 달리, 중국인들은 무리수두 정수의 비율로 표현할 수 없는 숫자나 음수에 너무 무신경했다. 예를 들어 음수를 표기하기 위해, 중국인들은 검은 색 막대 대신에 빨간색 막대를 사용할 정도였다!

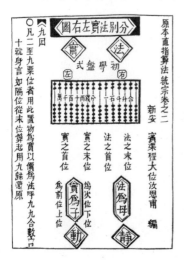

중국인들은 기호를 사용하지 않고 말로 표현하여 대수학을 사용했다. 그들은 대수학뿐만 아니라 다른 수학적 탐구에도 계산판을 사용했다. 송나라960~1279에 이르러서 그들은 x와 같은 고차원 방정식을 다룰 수 있는 표기법을 개발해냈다. 그리고 연립일차방정식두 개 이상의 미지수를 갖는과 2차 방정식을 풀 수 있었다.

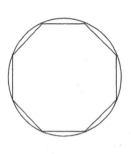

그들은 또한 '마방진magic squares'에 관심이 있었는데, 그 칸들은 모두 합계가 같은 숫자로 채워진다. 이는 수평행과 수직행 및 대각선 행에 모두 해당된다. 그들은 심지어 3차원 정육면체를 고안해내기도 했다.

중국인들은 π의 정확한 값을 간절히 얻고 싶어 했다. 최초의 중국 수학자 중 한 명인 **유휘**劉徽는 π를 소수점 이하 4자릿수까지 추산했다. 그의 기술은 다각형을 원 안에 삽입하는 '실진법'을 사용하는 것이었고, 다각형과 원을 동일시할 수 있을 정도까지 변의 길이가 짧아지는 다각형을 사용했다.

5세기에 부자지간인 **조충지**祖沖之와 아들 **조긍지**祖暅之는 π의 값으로 3.1415926 및 3.1415927를 얻어냈다. 이 수치는 17세기까지도 서양에 전해지지 않았다.

구장산술

《구장산술九章算術》은 가장 유명한 중국의 수학책이다. 누가 썼는지 정확한 연대는 알 수 없지만, 진나라 후기 또는 한나라 초기1세기의 것으로 추정된다. 이 책은 다음과 같은 항목을 다루고 있다.

- **토지조사**분수의 덧셈 및 뺄셈에 대한 규칙 포함, **비율** 백분율
- **비율별 분포**산술 및 기하학적 진행, 제3의 법칙
- **토지측량**기하학을 토대로 제곱근과 세제곱근 찾기
- **공학기사를 위한 참조 문서**3차원 물체의 부피
- **공정한 세금**물건을 a에서 b로 운송하는 시간 및 분배
- **'너무 많거나 부족하지 않게' 구획**분배 및 부족에 관한 어려운 문제
- **구구단**구구단을 사용하여 2개 또는 3개의 미지수를 갖는 연립방정식 풀이
- **직각삼각형**변 길이 해결에 관한 24개의 문제

《구장산술》의 깊이와 범위는 서구의 기독교 시대 이전까지의 중국 수학의 정교함을 보여주지.

4명의 중국 수학자

13세기 후반과 14세기 초는 중국 수학의 절정기였다고 할 수 있다. 중국에서 가장 유명한 수학자 4명이 바로 이 시기에 살고 있었다.

중국 전역에 수학을 가르치는 학교가 30개가 넘었고, 수학은 국가 공무원 시험에 필수 과목이었다.

진구소秦九韶는 군대와 공무를 위해 일했는데, 가장 위대한 중국의 수학자 중 한 명으로 여겨진다. 그의 저서 《수서구장數書九章》 수학의 9개 부분에는 몇 가지 새로운 발상이 포함되어 있는데, 처음으로 불확정 분석이 도입되었다. 이것은 해가 정수이어야 한다는 문제에 관한 연구였다.

양휘楊輝와 주세걸朱世傑은 식의 순열과 조합을 조사하여 현재 우리가 이항정리라고 하는 것을 창안했다. 여기에는 (x + 1), (x + 3)과 같이 2항이항식을 곱하는 것이 포함되어 있다. 그러면 이것은 $x^2 + 4x + 3 = 0$이 된다. 곱하는 식이 많을수록 그 결과 항의 갯수도 많아진다. 예를 들어 $(x + 1)^3$ = (x + 1) (x + 1) (x + 1) = $x^3 + 3x^3 + 3x + 1$.

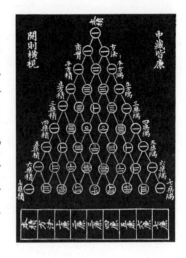

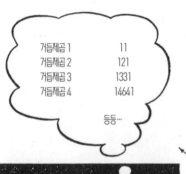

거듭제곱 1	11
거듭제곱 2	121
거듭제곱 3	1331
거듭제곱 4	14641

등등…

이로 인해 두 수학자는 현재 우리가 '파스칼의 삼각형Pascal's triangle'이라고 부르는 것을 연구하게 되었다. 이들은 x 앞에 곱해진 수를 보면 일정한 패턴이 나타난다는 것을 발견했다. 1제곱[즉 (x + 1)]의 경우는 1, 1이고, 2제곱[즉 (x + 1)²]의 경우는 1, 2, 1이고, 3제곱[즉, (x + 1)³]의 경우는 1, 3, 3, 1 등등. 이것은 파스칼이 17세기에 구상한 형태와 같게 배치되어 있었다.

파스칼의 삼각형은 확률 분석에 사용된다. 두 번째 행은 두 개의 동전을 던질 때 발생할 수 있는 순열의 가짓수를 보여준다. 둘 다 앞면이 나오는 경우는 한 가지, 앞면 한 개, 뒷면 한 개 나오는 경우는 두 가지, 둘 다 뒷면이 나오는 경우는 한 가지다.

이는 송나라의 수학자인 가헌賈憲에 의해 처음으로 설명되었지만 훨씬 더 일찍 나타날 수도 있었다.

인도 수학자

중국과 마찬가지로, 인도의 수학도 다양한 증명에 의존하는데, 여기에는 일종의 공식 연역체계를 참조하여 공식화되지 않은 시각적 증명도 포함된다. 인도의 수학은 인도의 논리학자들과 언어학자들이 개발한 틀에서 진화해왔다.

인도의 수학은 4단계로 발전했다.

기원전 2500년에서 기원전 1000년까지의 하라파Harappan 시대에는 벽돌 등을 사용하기 위한 원시 형태의 수학이 포함되어 있다.

그 후 의식儀式 기하학에 관심을 갖던 베다Vedic 시대가 약 1,000년 동안 이어졌다. 이 시기에 자이나교와 불교가 등장하기 시작했다.

이후 고대 시대는 서기 1000년 무렵까지 이어져왔다. 이 시대의 수학자들은 숫자, 알고리즘 및 대수와 같은 초기 개념의 개발에 관심이 많았다.

인도의 수학자인 바스카라
Bhaskara의 시

인도 수학의 마지막 위대한 시기는, 1500년대에 끝난 케랄라 학파가 있던 고대시대로, 초기 사상이 눈부시게 발전한 시기였다. 이 시기에 케랄라에서 수학이 크게 발전한 이유는 알려지지 않았다. 하지만 이미 3세기 전에 케랄라 수학자들은 나중에 유럽의 '발견'을 예상했던 것처럼, 유럽의 수학에 영향을 미쳤을 수 있음을 시사하고 있다.

베다 기하학

베다 힌두교도들은 그들의 종교적 관점을 형성한 극도로 큰 숫자를 매우 좋아했다. 예를 들어 희생을 논할 때 1000억 같은 숫자가 언급된다. 또한 숫자가 10배수로 증가한다는 것에 대해 분명한 개념을 갖고 있었고, 숫자가 크면 클수록 더욱 흥미로워했다.

제단 기하학은 대수학에 대한 베다 힌두교의 통찰력을 보여준다. 어떤 제단의 체계에 따르면, 제단은 이등변 사다리꼴 모양을 하고 있고, 다양한 의식을 치르기 위해 측면을 비례적으로 늘리거나 줄였다. 그리고 더 많은 의식을 치르기 위해서는 어떤 면은 그대로 두되 다른 면은 늘리거나 줄여야 했다.

이는 종교 지도자들에게 대수적 해결이 필요한 수학 문제를 제공했다. 그리고 문제를 푸는 데 필요한 규칙이 주어졌고, 변경에 사용할 벽돌 개수에 관한 질문도 다뤄졌다. 연이은 층들에 균열이 일어나지 않도록 얼마나 많은 벽돌을 사용할 것인지를 결정할 때는 연립방정식을 활용하기도 했다.

오, 여보! 백조 무리들 중에서 $\frac{7}{2}$ 곱하기 백조수의 제곱근은 호숫가에서 놀고 있어. 나머지 두 마리는 물에서 사랑싸움을 하고 있군. 백조는 총 몇 마리일까?

이럴 때 암산은 좀…

힌트: $\frac{(N-2)}{7}$ 이 정수인 숫자 N을 시도해 보시오!

힌두 수학자들은 n 값을 소수점 4자리까지 정확히 계산할 줄 알았다.

원의 넓이나 구의 부피를 구하는 일반적인 힌두교 식 방법으로…

넓이 또는 부피를 더 작은 조각으로 나눈 다음 그 합계를 구하는 방식으로 이뤄졌지.

예를 들어, 구는 아르키메데스가 사용한 것과 같은 종류의 '실진법'으로 부피를 계산하기 위해 많은 작은 피라미드로 분할했다. 매우 작은 '조각으로 나눠 합계하는 이런 방식은 나중에 미적분의 기초가 된다.

힌두교도들은 행성의 속도와 위치를 알아내기 위해 그 방법을 천문학에도 적용했다. 예를 들어, 일식의 정확한 예측은 종교적으로 큰 의미를 갖고 있었다. 일식을 정확히 예측한 천문학자들은 큰 명성을 얻었다. 그래서 인도 수학 역사의 몇몇 학자들은 이것이 미적분학의 진정한 시작이라고 여긴다.

브라마굽타

대수학은 나중에 인도의 가장 위대한 수학자 중 한 명인 브라마굽타 Brahmagupta, 598년가 있던 시절에 수학의 한 분야로 분리되어 나타났다. 그는 제곱근과 세제곱근, 분수, 3, 5, 7 등의 법칙 및 물물교환과 같은 주제를 다루는 수학 논문을 썼다. 이 시기에 방정식은 1차yavat-tavat, 2차 varga, 3차ghana, 4차varga-varga와 같이, 오늘날 우리가 인정할 만한 체계로 분류되었다.

브라마굽타는 미지수를 갖는 1차 방정식과 2차 방정식에 많은 영향을 미쳤는데, 수 년에 걸쳐 그의 아이디어를 전파한 많은 추종자들이 있었다.

대부분의 베다 힌두교들과 마찬가지로 브라마굽타도 $\sqrt{2}$ 와 같은 무리수를 좋아했는데, 그 수와 매우 근접한 근사치를 제시했다.

이런 작은 괴물 같으니 라구.

자이나 수

베다 힌두 교도들과 마찬가지로 자이나 교도들 역시 매우 큰 수에 관심이 많았고, 그 숫자들에 대해 독특한 사고방식을 갖고 있었다. 자이나 교도들은 세 그룹의 숫자를 주장했다. 그것은 셀 수 있는 수, 셀 수 없는 수, 그리고 무한대의 수라는 세 그룹으로 나뉜다. 첫 번째 그룹은 가장 낮은 숫자, 중간 숫자, 더 높은 숫자로 구성되고, 두 번째 그룹은 거의 셀 수 없고, 정말로 셀 수 없고, 셀 수 없을 정도로 무수한 수로 구성되어 있다. 마지막 그룹은 거의 무한대, 진정으로 무한대, 끝이 없는 무한대의 수로 구성되어 있다. 하

1,0000000000000000000

지만 유럽 수학은 칸토어독일 수학자의 연구가 이뤄질 때까지, 1세기 전만 하더라도 그 정도의 수준에 도달하지 못했다.

자이나교의 수학자인 마하비라차르야 *Mahaviracharya, 850년*는 자신의 연구에서 음수를 사용했고 0을 언급했다.

0으로 나눈 숫자는 변하지 않아.

무한대여 야겠지.

베다와 자이나교의 조합

베다 힌두 교도와 자이나 교도들은 모두 조합을 다루는 걸 좋아했다. 이러한 관심의 한 가지 원천은 시 속의 베다 미터와 그 변형이 될 수 있다. 어떤 미터에는 6음절이 있고, 어떤 것에는 모로예: 8, 9, 11 또는 12가 있다. 각각이 음절 그룹 내에서 길고 짧은 소리들을 바꾸고, 가능한 한 다양한 조합을 찾는 것이 어려웠다. 이러한 탐색은 예를 들어, 12가지 물질로 한 번에 한 가지, 두 가지, 세 가지 또는 그 이상으로 만들 수 있는 향수의 총수, 와 같이 더 많은 순열 게임으로 이어졌다.

킁킁!
이 8, 11, 9, 3은
끔찍한 냄새야.

이러한 사고 과정의
결과는 파스칼의
삼각형과 같은 메루-
프라스타라였어.

바스카라 2세Bhaskara II, 1114는 산술과 대수학에서 0을 정확하게 사용했다. 대수학에서 그는 미지의 양을 표시하기 위해, 기호와 문자를 사용하는 현대 이론을 사용했다. 그는 수론에서 매우 수준 높은 문제를 연구했는데, 그의 이러한 연구는 '현대 미적분학의 기원'을 포함하는 것으로 인정되고 있다.

수학 운문

인도의 수학적 발상은 종종 입을 통해 운문 형식으로 전해져 왔다. 이 같은 운문 형식의 수학 수수께끼는 오늘날에도 흔하게 쓰인다. 유명한 수학 구절은 다음과 같다.

> 눈부시게 아름다운 처녀여, 내게 말해 보라,
> 당신은 역산하는 방법을 알고 있기에,
> 어떤 숫자에 3을 곱한 다음,
> 산출에 그 곱에 $\frac{3}{4}$배를 더한 다음,
> 7로 나누고,
> 그 결과에서 $\frac{1}{3}$배를 뺀 다음,
> 그 자체를 곱한 다음,
> 거기서 다시 52를 빼고,
> 그 결과에 제곱근을 취해 8을 더한 다음 10으로 나눈 결과가
> 2인 그 어떤 수는 무엇인가?

저에게 시간을 얼마나 주시나요?

저게 운문일 수 있지.

오, 안 돼!
다음 페이지를 보세요! 시가 나쁘다고 생각했다면 수학을 보세요!

정답에 도달하는 방법은 다음과 같다.

[(2)(10)-8]² + 52는 196과 같다. 그러면,

$$\sqrt{196} = 14$$

다음 작업은 14부터 진행한다.

$$\frac{(14) \left(\frac{3}{2}\right) (7) \left(\frac{4}{7}\right)}{3} = 28$$ 이 정답.

요즘에는 알 수 없는 답에 대해 x로 시작하고, 다음과 같이 표기한다.

$$\frac{\left(\left(\sqrt{\ \left\{[x.3.\left(\frac{4}{7}\right)\left(\frac{3}{2}\right)]-52\right\}} + 8\right)\right)}{3} = 2$$

복잡한 표현을 풀어내는 것은 예전과 크게 다르지 않지만, 이제 x가 숫자와 동등하게 홀로 설 수 있는지 지켜볼 필요가 있을 것이다.

라마누잔

인도 수학의 역사는 직관적인 수학자들의 사례로 가득하다. 예를 들어, 스리니바사 라마누잔Srinivasa Ramanujan, 1887~1920은 학문적으로 완전히 실패했지만 뛰어난 수학자였다. 그는 겸손한 회계사이자 지극히 전통을 중시하는 사람이었는데, 수학에 대한 추상적인 생각만큼이나 신비주의와 형이상학에 의존했다. 그래서 어떻게 그가 그토록 훌륭하고 심오한 때로는 잘못된 결과에 도달했는지 아무도 이해하지 못했다.

영국의 후원자이던 수학자 G.H 하디G.H. Hardy는 그가 병원에 있는 동안에 방문한 적이 있었다.

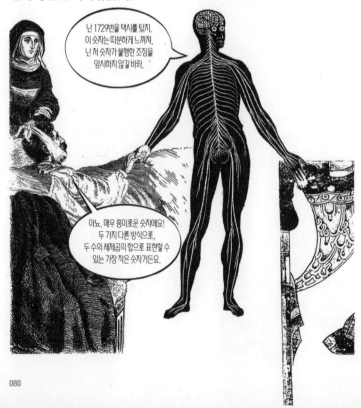

난 1729번을 택시를 탔지. 이 숫자는 따분하게 느껴져. 난 저 숫자가 불행한 조짐을 암시하지 않길 바라.

아뇨, 매우 흥미로운 숫자에요! 두 가지 다른 방식으로, 두 수의 세제곱의 합으로 표현할 수 있는 가장 작은 숫자거든요.

이슬람 수학

무슬림들은 문명 초기의 수학적 사상을 통합하는 데 크게 기여했다. 이들은 바빌로니아와 인도, 중국의 대수적, 산술적 전통을 그리스와 헬레니즘 세계의 기하학적 전통과 융합했다. 그 결과, 무슬림 수학자들은 자연수와 분수 모두에 대한 기본적인 산술 연산, 10진법과 60진법의 사용 및 호환성, 제곱근 계산 및 무리수의 연산, 세제곱근의 계산 및 이항계수에 대한 자세한 기술, 네 제곱근 이상의 계산 등을 모두 다룰 줄 알았다.

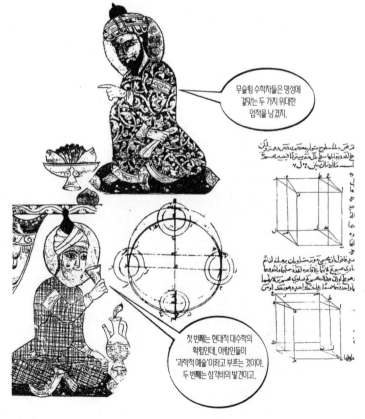

무슬림 수학자들은 명성에 걸맞는 두 가지 위대한 업적을 남겼지.

첫 번째는 현대적 대수학의 확립인데, 아랍인들이 '과학적 예술'이라고 부르는 것이야. 두 번째는 삼각비의 발견이고.

알 콰라즈미

무하마드 빈 무사 알 콰라즈미Muhammad bin Musa al-Khuwarazmi 847년는, 오늘날 우리가 알고 있는 대수학의 창시자이다. '대수'라는 단어 역시 그가 쓴 저서,《치환과 감소로 계산하는 것에 관한 요약The Book of summary about calculation by transposition and reduction》의 제목에서 유래했다.

'알고리즘'이라는 단어도 그의 이름에서 유래되었다. 알 콰라즈미는 모든 문제를 알 자브르al-jabr라고 하는 첫 번째 과정, 알 무카발라al-muqabala라고 하는 두 번째 과정을 이용하여, 어떻게 6가지 표준 유형 중의 하나로 줄일 수 있는지 설명했다.

알 자브르란 음수를 제거하기 위한 '항의 이동'에 관한 것이다예를 들어 x = 40 - 4x는 5x = 40이 됨.

알 무카발라는 나머지 양의 균형을 맞추는 다음 과정이다따라서 50 + x = 29 + 10x라면, 알 무카바라는 x + 21 = 10x로 줄인다.

대수학의 목

알 콰라즈미는 그의 책에서, 지금 우리가 사용하고 있는 기호들은 어떤 것도 사용하지 않았다. 그 기호들은 나중에 만들어졌다. 그는 자신의 수학을 말로 표현했는데, 말로 2차 방정식의 해법을 설명하고 다음과 같이 현재의 표준공식을 개발했다.

$$ax^2 + bx + c = 0$$

이 방정식의 해는 $x = [\frac{1}{2a}] [-b \pm \sqrt{(b^2-4ac)}]$

49페이지에서 설명함.

أبي وآله وسلم . ولم تزل العلماء في الأزمنة الخالية والأمم الماضية يكـ
الكتب بما يصنفون من صنوف العلم ووجوه ... وصلى الله على محمد
للأجر بقدر الطاقة .

대수학의 발전

무슬림 수학자들은 '산술가가 알려진 값으로 연산하는 것처럼, 가능한 모든 산술을 활용하여 미지수를 계산하기 위해 신중히 검토를 했지.

적은 두 가지다. 대수식에 기초적인 산술 연산을 체계적으로 적용하는 것, 숫자에 적용했던 일반적인 연산을 대수학에 적용할 수 있도록 대수학을 독립적으로 표현하기 위한 연구가 그 것이다.

알 사마왈Al-Samaw'al, 1175년은 최초로 대수적 결과를 기호의 형태로 쓴 사람이다.

또한 그는 음수를 잘 다루는 엄청난 능력을 갖고 있었는데, 그는 음수를 분리된 독립적 개체로 다뤘다.

내 책 《알 파크리 al-Fakhri》에서, 나는 '미지수'의 또 다른 능력을 연구했지.

그리고 대수식에 산술의 연산을 적용하고 '다항식' 연산에 대해 최초로 서술했지.

알 카라지
Al-Karaji, 1000년

알 카라지의 연구는 후계자들에 의해, 다항식의 나눗셈에 대한 규칙과, 다항식의 '제곱근'을 얻는 규칙을 제안하는 데 사용되었다.

여기서 나온 '조합론'은, 나중에 주사위나 카드 배열의 확률을 계산하거나, 도박 게임 분석에 적용하기도 했어.

이항정리 또한 유도되었어.

계수표인 '파스칼의 삼각형'이미 중국 수학자들에 의해 발견됨이 제시되었지.

오마르 알 카얌Omar al-Khayyam, 1123년은 기하학을 사용하지 않았지만, 자신이 파스칼의 삼각형과 동등한 것을 발견했던 방법으로, 4차, 5차, 6차 및 더 높은 거듭제곱근을 찾는 것에 대해 논의했다. 그의 발견은 중국에서 발견한 것과 동시대의 것이었다.

알 카시al-Kashi, 1429년는 소수점 16자리까지 정확하게 π를 계산하는 것 외에도, 소수를 다루는 체계적인 방법을 도입했다.

나는 또한 부업으로 시를 썼지!

나는 운문으로 쓰인 대수에 관한 책을 제작했고, 대수 기호를 서양에서 널리 알려지게 했지.

아불 하산 알 칼라사디
Abu'l Hasan
al-Qalasadi,
1486년

삼각비의 발견

무슬림 수학자들은 6가지의 기본 삼각비와 기하학적인 문제의 정교한 해를 소개했다. 이들은 위대한 그리스 천문학자 프톨레마이오스100~170년가 사용했던 '화음원의 영역에 기초한'의 서투른 방법을 근본적으로 현대적인 삼각법으로 대체했다.

이러한 '함수'는 직각삼각형의 변으로 정의할 수 있다. 직각삼각형의 한 변이 특정 각과 마주보고 있으면 O, 인접해 있으면 A라 하고, 가장 긴 변인 빗변을 H라고 한다. 그러면 사인 = $\frac{O}{H}$, 코사인 = $\frac{A}{H}$ 및 탄젠트 = $\frac{O}{A}$ 이다. 이 세 가지의 간단한 정의에서 놀라운 관계의 세계가 펼쳐진다.

삼각법은 측량 및 요새화와 같은 수학, 천문학, 실용 예술의 진보를 가져온 가장 중요한 발전이었다.

다른 세 가지 함수는 첫 세 가지 의 역수임을 쉽게 알 수 있다.
$$\operatorname{cosec} \alpha = \frac{H}{O} = \frac{1}{\sin\alpha} \; ; \; \sec \alpha = \frac{H}{A} = \frac{1}{\cos\alpha} \; ; \; \operatorname{cotan} \alpha = \frac{A}{O} = \frac{1}{\tan\alpha}.$$

알바타니

알바타니 Al-Battani, 929년는 여러 삼각비의 여러 관계식을 만들어냈다.

거기에는 다음이 포함된다.

$$\tan a = \frac{\sin a}{\cos a}$$

$$\sec a = \sqrt{1 + \tan^2 a}$$

그는 또한 방정식 $\sin x = a \cos x$를 풀었고,

다음 공식을 발견했다.

$$\sin x = \frac{a}{\sqrt{1 + a^2}}$$

또 나는 알 마즈와지900년가 처음 도입한 탄젠트 개념을 사용하여 탄젠트와 코탄젠트를 계산하는 방정식을 개발하고 코탄젠트 값의 표를 만들었어.

아부 와파

아부 와파Abu Wafa, 998년는 다음과 같은 관계식을 구했다.

$$\sin (a + b) = \sin a \cos b + \cos a \sin b$$

$$\cos 2a = 1 - 2 \sin^2 a$$

$$\sin 2a = 2 \sin a \cos a$$

그리고 구면 기하학에 대한 사인 공식을 발견했다.

$$\frac{\sin A}{\sin a} = \frac{\sin B}{\sin b} = \frac{\sin C}{\sin c}$$

내가 세운 식은 매우 유용해서 르네상스 시대에 유럽에서 널리 보급되었지. 또 나는 새로운 삼각비를 마련하고, 구형 삼각형의 문제를 해결하는 방법을 개발했지.

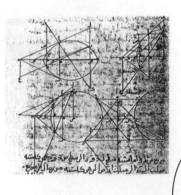

A, B, C는 구의 표면에 삼각형을 이루는 큰 원의 길이이고 a, b, c는 그 반대쪽의 각이다.

구의 대원은 구의 중심을 통과하는 평면으로 만들어진다. 요즘의 대륙 횡단 항공기는 두 지점 사이의 최단 경로를 가로지르기 때문에 대원을 따라 비행한다.

이븐 유누스와 타비트 이븐 쿠라

이브 유누스Ibn Yunus, 1009년는 다음 공식을 보여주었다.

$$\cos a \cos b = \frac{1}{2} [\cos (a + b) + \cos (a-b)]$$

이는 삼각함수를 다루지만 곱을 합으로 나타낸다. 숫자가 많은 곱셈을 하는 것이 지루했던 시대에 이것은 노동의 엄청난 절약 도구였다. 그 것은 나중에 로그의 발달에 자극을 주었고, 같은 기능을 더 직접적으로 수행할 수 있게 했다. 그것은 또한 오늘날 사용되는 구면 삼각법의 기본 공식인 코사인 공식으로 이어졌다.

$$\cos a = \cos b \cos c + \sin b \sin c \cos A$$

여기서 A는 대원의 호이고 a는 반대쪽의 각도이다.

타비트 이븐 쿠라 Thabit ibn Qurra, 901년는 수론에 대해 글을 썼고 기하학적인 수량 사이의 비를 설명하기 위해 수론을 확장했다는 그리스 인들은 취하지 않은 단계였다.

또한 그는 평행선이 만날 수 있는 곳이 있다면, 그곳은 어디인지 대한 의문에 대해서도 논의했다

알투시

삼각법 분야에서 평면과 구형 모두에서 가장 저명한 학자로 나시르 알딘 알투시Nasir al-Din al-Tusi, 1274년를 예로 들 수 있다.

구면 삼각형의 해상도에 대한 그의 포괄적인 능력은 수학의 발달에 있어서 획기적인 연구 중 하나였다. 그는 직선의 전후운동back-and-forth motion이 어떻게 두 개의 원운동의 구성으로 표현될 수 있는지 보여주는 '투시 커플Tusi couple'을 공식화했다.

이 장치를 통해 니콜라스 코페르니쿠스Nicolas Copernicus, 1473~1543는 행성의 모든 불규칙한 움직임을 복합 원운동으로 표현할 수 있었고, 그 덕분에 지구가 아니라 태양이 중심인 천문계를 더욱 쉽게 만들 수 있었다.

정수와 관련된 문제의 해

수세기 동안 정수 해를 가진 문제는 매우 인기가 있었다. 결국 정수가 사람들이 이해하고 있는 수였다 '유산 상속'의 문제를 예로 들 수 있다.

이와 같은 문제에 대해서는 디오판토스Diophantus, 275년가 처음으로 체계적인 해결을 위해 접근했다. 무슬림 수학자들은 이 연구의 이론적 개발에 적극적이었다. 자연스러운 시작점은 직각삼각형의 변을 이루는 3, 4, 5와 같은 '피타고라스 수'였다. 피타고라스 이후 이 관계는 일반화되었고, 10세기에 무슬림 수학자들은 다음과 같은 의문을 가졌다. 방정식 $x^n + y^n = z^n$는 자연수 해를 가질 수 있을까? 몇 세기 후이후 문제의 명칭이 지정됨 페르마처럼 몇몇 수학자들은 그런 해가 불가능하다는 증명을 했다고 생각했다. 하지만 그들의 후계자들은 오류를 찾아냈고, 이제 우리 역시 그것이 정말로 어려운 문제라는 것을 알고 있다!

유럽 수학의 출현

유럽 수학의 발전에는 다른 모든 문명이 기여했다. 중세시대를 통틀어 유럽은 기술, 과학 및 문화의 측면에서 동쪽의 문명보다 현저하게 열세였다. 처음에는 십자군 전쟁 기간 동안의 문화적 접촉을 통해, 그리고 스페인과 이탈리아 학자들 간의 대화를 통해 점차 따라 잡아갔다.

아랍어 자료그리스어 또는 원본을 번역한 것는 팀을 이뤄 번역됐고, 때때로 유대인 중개자들이 참여하기도 했다.

대수학algebre이나 술alcohol과 같이 'al'로 시작되는 과학적인 명칭은 그 과정을 상기시켜 준다. 15세기 르네상스 시대에 와서 피타고라스의 미학과 신비주의 수학이라는 전통이 재발견된다.

그 후 16세기의 '팽창주의 시대'에 유럽의
수학은 궤도에 오르기 시작했어.

탐험, 정복, 그리고 종교전쟁은 그 시대의
위대한 테마였지.

수학은 해외 항해를 위해 필요
했고, 국내에서는 방어 요새 설계와
공격 포병대의 좌표을 위해 사용되었
다. 삼각법과 같은 분야는 그러한

모험의 성공을 위해 필수적이었다. 이렇게 그들은 실제적으로든 더 나은
좌표 이론적으로든 모두 진보를 이뤄냈다.

또한 상업의 꾸준한 발전으로 인해 계산법의 개선이 필요했다. 이전
에 교회는 '아라비아 숫자'를 맹렬히 비난했고, 복식부기는 마법의 예술
로 여겼다 정당한 이유가 없는 게 아니라, 그냥 인정되어야 함. 그러나 이제는 무시
하기엔 너무 중요해서 소홀히 할 수가 없었다.

유럽 이론 수학의 진보는 일련의 위기와 역설을 수반했다. 중국, 인도, 이슬람 수학자들에겐 어렵지 않았던 음수와 무리수는, 유럽의 수학자들이 큰 성공을 거두었음에도 불구하고 큰 문제가 되고 있었다. 결국 역설은 새로운 수학 분야를 등장하게 만들었다…

… 20세기엔 역설 그 자체가 극에 달했어.

르네 데카르트

르네 데카르트Rene Descartes, 1596~1650는 유럽 수학에 있어 가장 위대한 혁신가이며, 철학자이기도 한다는 점에서 더욱 의미가 있다. 개인적으로 확실성을 탐구하기 위해, 그는 수학을 추구하기 위해 인본주의 문학의 경향에 등을 돌렸다. 하지만 처음에는 실망한다.

데카르트는 대수학을 왜 그렇게 폄훼하며 개선하기로 마음먹었던 것일까? 대수학은 16세기에 부분적으로만 공식화되어 있었다. 일부 용어에는 약칭이 붙어 있었고 명확한 설명도 없이 그저 형식적으로 다뤄졌다. 그러나 당시 수학자들에겐 더 심각한 어려움이 있었다. 자신들이 무의미하거나 터무니없는 것들을 설명하고 있다는 사실을 깨닫게 된 것이다!

이미 $x^2 + 1 = 0$과 같은 대수 방정식의 근인 '허수'에 대해 언급했었다. 이것들은 어떤 종류의 수일까? 이 수로는 물건을 셀 수 없다. 그렇다면 제곱했을 때 음의 수량을 나타내는 물리적 물체에는 어떤 종류가 있을까? 규칙에 따라 다룰 수는 있겠지만 터무니없는 내용이 되지 않을 거라는 보장은 못한다.

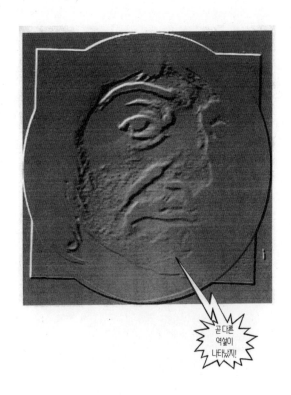

해석 기하학

데카르트의 노력의 결과로 '해석' 또는 '좌표' 기하학이 탄생한다. 해석 기하학이란 공간의 한 지점은…

… 수의 집합에 의한 다른 점과의 관계로 정의할 수 있지.

평면 기하학에는 일반적으로 X 축과 Y 축이라고 하는 직각을 이루는 두 개의 축이 있다. 평면에 있는 임의의 점의 위치는, 두 축의 교차점인 원점으로부터 x와 y 방향으로 거리를 제공한다.

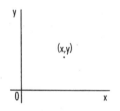

3차원에서는 3개의 축이 서로 직각을 이룬다.

x, y, z 축

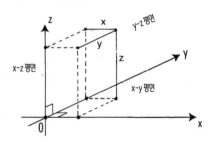

가장 간단한 형태의 그래프는 직선이며, 이는 $y = ax + b$ 형식의 선형 방정식으로 설명할 수 있고, 여기서 a와 b는 상수이다.

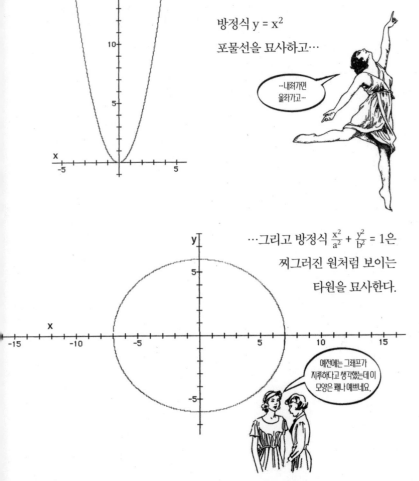

방정식 $y = x^2$ 포물선을 묘사하고…

…내려가면 올라가고…

…그리고 방정식 $\frac{x^2}{a^2} + \frac{y^2}{b^2} = 1$은 찌그러진 원처럼 보이는 타원을 묘사한다.

예전에는 그래프가 지루하다고 생각했는데 이 모양은 꽤나 예쁘네요.

이차곡선의 세 번째 곡선은

원뿔 곡선'이라고 하는…

… 등식 $\dfrac{x^2}{a^2} - \dfrac{y^2}{b^2} = 1$인 쌍곡선이다. 이 곡선에는 무한대로 뻗어가는 두 개의 가지가 있는데 마이너스 부호가 모든 차이를 만든다.

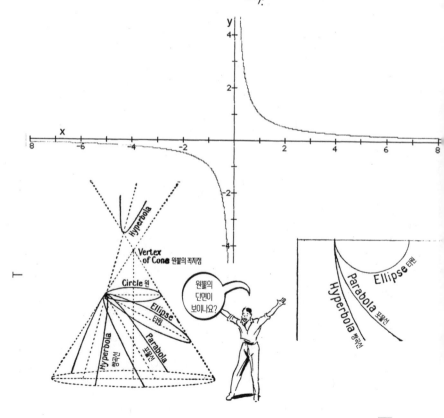

원뿔의 단면이 보이나요?

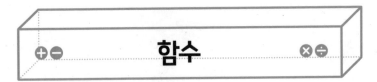

함수

'함수'라는 용어는, 한 변수가 다른 변수와 관계가 있음을 알려준다. 예를 들어 y는 x의 함수이거나, z는 x와 y의 함수라고 한다. 데카르트에 따르면, 변수에는 알파벳 끝에 있는 문자를 사용하고, 상수에는 a, b, c와 같이 시작 부분의 문자를 사용한다.

해석 기하학과 미적분학에서는 특정 기호로 기술된 함수를 사용하지.

따라서 함수를 정의하는 규칙이 다음과 같은 경우, 숫자를 제곱하고, 숫자를 두 번 더하고, 3을 빼면 다음과 같이 표기할 수 있다.

$$f(x) = x^2 + 2x - 3$$

해석 기하학에서 변수가 한 개인 함수는 한 축을 따라 x를 설정하고, 다른 축을 따라 x의 함수인 f(x)를 설정하여 표기할 수 있다.

이 함수는 x = -3 및 x = +1 지점에서 x 축을 가로 지르고, X = -1, y = -4에서 가장 낮은 지점이 되는 포물선이 된다.

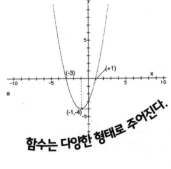

함수는 다양한 형태로 주어진다.

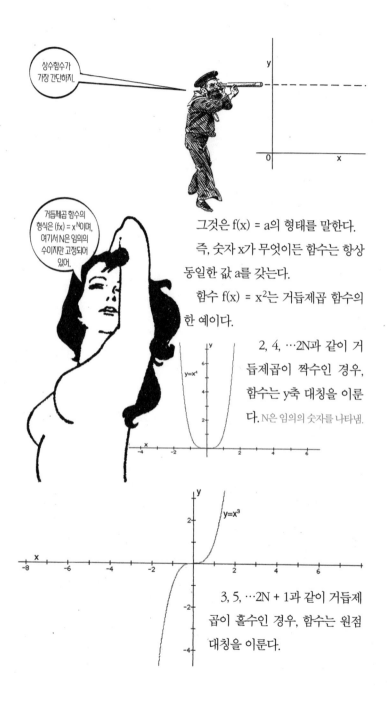

상수함수가 가장 간단하지.

거듭제곱 함수의 형식은 (fx) = x^N이며, 여기서 N은 임의의 수이지만 고정되어 있어.

그것은 $f(x) = a$의 형태를 말한다.

즉, 숫자 x가 무엇이든 함수는 항상 동일한 값 a를 갖는다.

함수 $f(x) = x^2$는 거듭제곱 함수의 한 예이다.

2, 4, ⋯2N과 같이 거듭제곱이 짝수인 경우, 함수는 y축 대칭을 이룬다. N은 임의의 숫자를 나타냄.

$y=x^4$

$y=x^3$

3, 5, ⋯2N + 1과 같이 거듭제곱이 홀수인 경우, 함수는 원점 대칭을 이룬다.

무리 함수는 거듭제곱 함수의 '역함수'를 나타낸다. 따라서 f(x) = $x^{\frac{1}{2}}$의 역수로 f(x) = $x^{\frac{1}{2}}$ = $\sqrt{x}$가 된다.

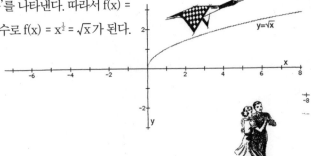

다항식 함수에는 a, b, c, d 등 고정된 숫자와, 그 거듭제곱에 따라 변하는 변수 x가 있다. 따라서 다항식 함수는 f(x) = $ax^2 + bx^2 + cx + d$ 형식이 될 수 있다.

그 너머에는 '초월 함수'라는 까다로운 영역이 있어…

…그건 대수적 연산의 영역을 초월하지.

삼각함수는 사인 및 코사인과 같은 삼각비를 사용한다. 그 중 하나는 f(x) = sin x이다.

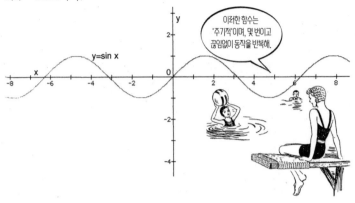

f(x) = a^x와 같은 지수함수는 지수를 고정하고, 거듭제곱이 변수라는 점에서 멱함수power functions와는 다르다. 밑기본값이 1보다 큰 지수함수는 급격히 증가한다.

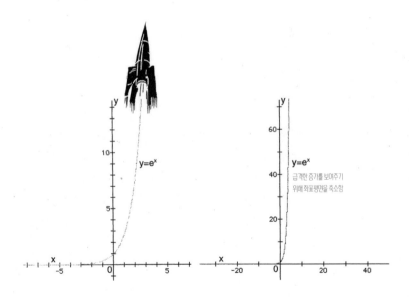

로그 함수는 지수함수의 역함수로 f(x) = Log$_a$ (x)로 표기하며, 숫자 a를 로그의 밑이라 한다. 이 함수는 매우 느리게 증가하는데, 예를 들면 다음과 같다.

Log$_a$(10x) = Log$_a$(x) + Log$_a$(10)

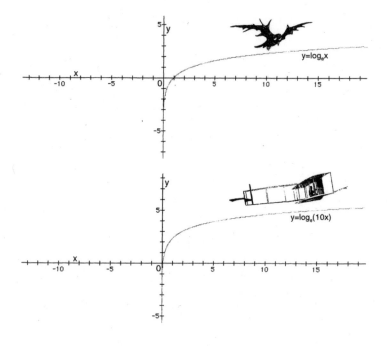

우리가 사용하는 로그표에서 밑은 10이다. 이진법 숫자 0, 1로 실행되는 컴퓨터에서 적절한 밑은 2이다. 그러나 이론수학에서 선호되는 밑은 e = 2.71828이다. 지수함수 f(x) = e^{x}의 증가율은 원래 함수와 같다.

함수는 미적분학의 주요 분석 도구지.

계산법

데카르트의 연구는 그리스 기하학이 수로부터 작도를 해방시켰듯이 오히려 말로 서술하는 방법에서 대수를 해방하는 과정의 정점이라고 할 수 있다.

일단 그가 대수 관계를 설명하기 위한 형식주의를 제공하자, 이후 발전은 급속도로 이뤄졌다. 데카르트의 대수 기하학이 출판된 지 40년만에 독일 철학자이자 수학자인 고트프리트 빌헬름 폰 라이프니츠Gottfried Wilhelm von Leibniz, 1646~1716는 무한대의 대수학을 창조했다. 이것이 우리가 성장과 변화를 분석하는 강력한 도구인 '미적분학'이라고 부르는 것이다.

움직이는 '물체의 위치': x
속도 또는 '미분': x

Newton 뉴턴

변수: x
함수 $f(x)$
곡선 $y = f(x)$
접선의 기울기 = 미분 $f(a)\frac{dy}{dx}$
$x = a$와 $x = b$ 사이의 곡선 아래의 영역의 넓이:
$\int_a^b f(x)dx$

Leibniz 라이프니츠

아이작 뉴턴Isaac Newton, 1642~1727도 더 일찍 이와 동등한 발견을 했지만, 데카르트의 표기법을 넘어섰다기보다는 단순한 확장이었기 때문에, 오늘날 라이프니츠 형식의 미적분학이 두드러지게 된 것이다. 이와 같이 수학의 이론과 사상을 형성해온 것은 데카르트와 라이프니츠라는 두 철학자였다.

> 미적분학의 비밀은 이전에는 전혀 관련이 없는 것처럼 보였던 두 종류의 문제를 통합하는 데 있었어. 이를 미분과 적분이라고 하지.

미분

수량 변화가 얼마나 빠른 속도를 이뤄지는지 알아내는 과정을 미분이라고 한다. 함수를 미분하면 그 변화율을 얻어낼 수 있다.

도로에서 운행되고 있는 자동차들을 생각해 보자. 자동차의 위치는 도로를 따라 계속 변하고 있다. 임의의 주어진 시간은 t, 위치는 x, 연속 함수 x(t)로 표기한다.

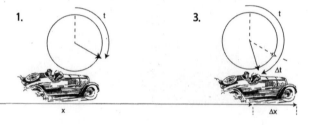

2.
자동차가 계속 움직이고 시간이 지남에 따라 Δx라고 한다. 새로운 위치는 x + Δx라고 한다.

4.
자동차는 새로운 위치에 도착하는데, 원래의 시간 t와 새 위치에 도달하는 데 걸린 시간의 합인 t + Δt이다.

자동차의 평균속력은 '속도'는 얼마인가? 그것은 이동거리 Δx를 이동하는 데 걸린 시간 Δt으로 나눈 값이다.

또는 $\frac{\Delta x}{\Delta t} = \frac{f(t + \Delta t) - f(t)}{\Delta t}$ 로 표기할 수 있다.

그렇다면 순간의 t에서 움직이는 물체, 예를 들어 자동차의 속도, 또는 시간 t에서 x의 변화율을 정의하고 싶다고 가정해 보자.

이때 Δt만큼 증가한 부분을 가능한 한 작게, 사실상 0에 가깝게 만들어 변화율을 구할 수 있다. Δt가 0에 근접한 평균속도 $\frac{\Delta x}{\Delta t}$의 한계를 순간속도라고 한다. 일반적으로 $\frac{dx}{dt}$로 표기하며 x의 미분 함수라고 한다.

한편, t에 대해 x를 그래프로 그린다면, 도함수는 t에서 곡선에 대한 접선의 기울기를 제공한다.

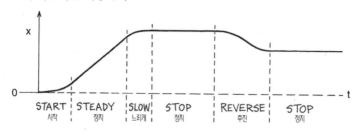

1차 도함수: 속도 = $\dfrac{dx}{dt}$

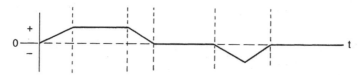

또한 도함수를 미분함으로써 2차 도함수를 얻을 수 있다. 도로 위를 달리는 자동차의 예에서 2차 도함수는 속도의 변화율, 즉 가속도를 제공한다.

2차 도함수: 가속 = $\dfrac{d^2x}{dt^2}$

적분

이제 우린 '미적분'을 역사상 가장 강력한 수학적 형식주의로 만든 거와 관련성이 있는 최고 경지에 도달했어.

중요한 건 곡선의 특성에 관한 두 종류의 문제였지. 하나는 곡선 전체를 포함하는 문제이고, 다른 하나는 곡선 위의 한 점에 관한 문제였지.

CHORD 1 현 1
CHORD 2 현 2
CHORD 3 현 3

TANGENT 접선

전자는 '소진'이라는 특별한 방법으로 해결했고, 후자는 곡선 위에 그 점을 지나는 현을 그림으로써 해결되었다.

일단 곡선을 함수의 그래프로 여기면, 넓이의 문제는 두 관점에서 볼 수 있다. 한편, 넓이는 세로의 얇은 조각으로 '소진'할 수 있다. 그리고 다른 한편으로, 새로운 함수로서의 넓이 함수는 그 도함수가 원래 함수와 같은 함수이다. 그런 다음 도함수를 얻고 역-도함수를 얻는 하나의 단일 방법으로, 두 가지 문제를 모두 해결할 수 있다.

도함수와 그 역함수부터 시작하자.

이것이 어떻게 작용하는지, 도로를 주행하는 자동차와 거리, 속도 및 가속도에 대한 세 가지 그래프를 통해 확인할 수 있다. 거리함수 $x(t)$의 그래프로 시작해서 도함수를 거치는 대신, 도함수부터 시작하여 거리함수로 되돌아가는 것이다.

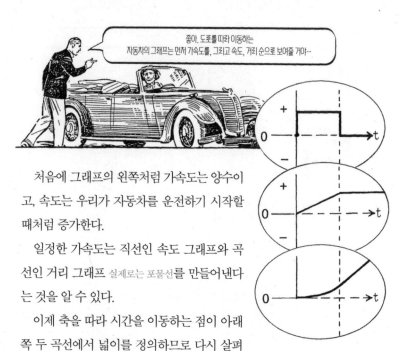

처음에 그래프의 왼쪽처럼 가속도는 양수이고, 속도는 우리가 자동차를 운전하기 시작할 때처럼 증가한다.

일정한 가속도는 직선인 속도 그래프와 곡선인 거리 그래프 실제로는 포물선를 만들어낸다는 것을 알 수 있다.

이제 축을 따라 시간을 이동하는 점이 아래쪽 두 곡선에서 넓이를 정의하므로 다시 살펴보자. 이것이 전체 이야기의 핵심이므로 잘 보아야 한다.

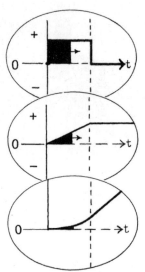

가속도 그래프의 경우 증가하는 넓이는 직사각형 모양이고, 소요시간에 비례하여 넓이가 늘어난다. 이것이 바로 속도 그래프의 변화이다!

그리고 속도 그래프에서 증가하는 넓이는 삼각형을 이루고, 처음에는 넓이가 천천히 그 다음에는 빠르게 증가한다.

그리고 이것이 바로 거리 그래프의 모양이다!

여기서 우리가 알 수 있는 것은 한 함수가 또 다른 함수의 도함수또는
변화율이면, 그 다른 함수는 첫 번째 함수의 넓이 함수라는 것이다!

그래프를 따라 자동차가 후진할 때 어떤 일이 일어나는지 직접 확인해 볼 수 있다. 가속도는 음수이며, 음수 영역t축 아래을 형성하므로, 속도는 변함이 없고 음수이다.

그리고 거리가 줄어들면 그래프가 거꾸로 된 포물선처럼 아래로 향한다는 것을 알 수 있다. 자동차가 멈추면 가속도와 속도는 0이며, 거리는 변함이 없다.

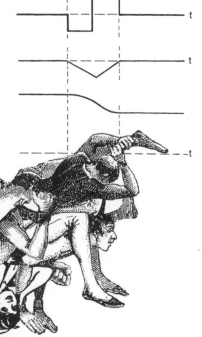

이제 우리가 해야 할 일은 적분의 다른 개념, 즉 넓이의 적분 개념이 미분과 반대라는 개념과 어떻게 일치하는지 확인하는 것이야. 이 발상은 뉴턴이 구상한 미적분이지. 반면 라이프니츠는 무한히 얇은 조각의 합으로 넓이를 구하기 시작했어.

속도 v(t)에 대한 곡선으로 시작하여 매우 얇은 조각으로 채워진 넓이를 상상해 보자. 밑변의 길이가 Δt 이고 높이 v(t)이다.

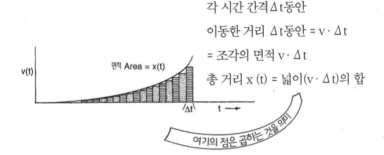

각 시간 간격 Δt동안

이동한 거리 Δt동안 $= v \cdot \Delta t$

$=$ 조각의 면적 $v \cdot \Delta t$

총 거리 x (t) = 넓이($v \cdot \Delta t$)의 합

여기의 점은 곱하는 것을 의미

면적 Area = x(t)

v(t)

그렇다면 곡선 아래의 넓이는 다음과 같다.

합계 { 모든 조각 v(t).Δt }

이 넓이는 시간 t동안, 일정한 속도 v로 이동한 거리 x를 나타낸다.

이제, 예를 들어 간격을 극히 잘게 나눠 Δt를 dt로 나타내면, 그 합계는 특별한 기호로 표기하지…

$\int v(t)dt$

역-도함수와의 관련성으로 돌아가기 위해 필요한 것은, Δx 그 자체인 가늘어진 '마지막' 조각을 상상하면 된다.

그런 후 $\Delta x = v \cdot \Delta t$에서

도출한 $\frac{\Delta x}{\Delta t} = \frac{[v \cdot \Delta t]}{\Delta t}$는

$\frac{dx}{dt} = v(t)$가 된다.

따라서 조각의 합으로 나타낸 적분의 도함수는, 넓이가 적분으로 얻어진 바로 그 함수와 동일하다.

다항식 함수나 일부 특수한 함수의 도함수는 상대적으로 구하기가 쉽다. 넓이 함수의 대수적 형태를 구하기 위해서는, 도함수가 원래의 함수인 특정의 함수를 구하는 것이다. 곡선의 속성에 대한 문제는, 한 지점에서의 곡선의 속성이라는 복잡하지 않은 문제로 축소된다.

이를 통해 변화율이라는 조건 하에서 발생하는 문제를 해결하고, 위치라는 조건에서 해법을 찾아낼 수 있지.

바로 그렇게!

미적분학은 처음으로 역학과 천문학에 적용되었다. 그리고 미분 방정식의 기술은 수학적 물리학의 탄생을 불러왔다. 이를 통해 비로소 열, 에너지, 전기 및 자력에 관한 과학을 할 수 있게 되었다. 현대의 과학기술을 뒷받침하는 과학의 세계는 이 미적분에 직접적으로 의존하고 있다.

버클리의 의문

증가분이란 무엇에 관한 것이고, 그것이 어떻게 0이 되었는지에 대한 미스터리는 무엇일까? 당시 사람들은 라이프니츠와 뉴턴에게 물어 보았지만 불만족스러운 답변을 들어야 했다. 그 후 아일랜드의 철학자이자 성공회 주교인 조지 버클리George Berkeley, 1685~1753가 몹시 날카로운 형태의 의문을 제기하게 된다.

> 나는 증가분이 0이 아닌 경우에만 타당하다는 것을 관찰할 수 있었지. 그렇지 않고 0으로 나누는 것은 규칙에 어긋나니까.

조각가의 발치에 앉은 철학자

버클리의 목적은 과학과 이성이 종교적 신념의 신비나 미신을 대체할 것이라고 주장하는 '자유사상가'

> 증가분은 항상 0이 아닌가? 아니면 정확히 0이 되는가? 아니면 '사라진 수량의 유령'인가?

> 그리고 그것 말고도 뉴턴 씨는 알몸이야.

들 역시 최악의 신학자들만큼이나 모호하고 독단적이라는 점을 보여주려는 것이었다. 그는 자신의 소논문의 부제에서 다음과 같이 질문했다.

"…현대의 연구 대상이나 원리 및 추론이, 종교적 신비와 신앙의 핵심보다 더 명확하게 구상되었는지, 또는 더 명백하게 추론되었는가." 당연히 그의 대답은 명백히…

> 응, 아니야!

일부 수학자들은 버클리의 소논문 《분석자 The Analyst》에 대답하려고 시도했다. 그는 그들의 대답을 이용해 그들의 혼란을 더욱 잔인하게 폭로했다. 그리고 그의 대답인 '수학에서 자유사상가들의 방어 A Defence of Freethinking in Mathematics'는 비판적 분석의 걸작으로 일컬어진다.

인간은 다른 사람들로부터 과학의 요소를 배우고, 모든 학습자들은 권위에 다소 경의를 표한다. 특히 젊은 학습자들은 원칙의 고수에 관심을 갖는 사람은 거의 없고, 오히려 믿고 받아들이는 사람들도 있다. 그리고 반복을 통해 일찍 인정된 것들에 익숙하다. 그리고 이 익숙함은 결국 증거로 통한다.

버클리는 수학과 과학의 문제를 해결하는 방법을 배운다고 해서, 문제가 무엇인지를 이해함에 있어 반드시 도움이 되는 것은 아니라고 주장했다. 그는 쿤T.S. Kun, 1922~1995이 개발한 과학적 연구의 이미지를 고대했다. 쿤은 '정상적인 과학'이란 의문의 여지가 없고 실제로도 의심할 수 없는 '패러다임 사고의 틀' 안에서 '퍼즐 풀기'를 실천하는 것이라고 묘사했다. 쿤에게 있어 일상적인 과학이란 사실 매우 편협하며, 과학 교육 수학을 포함은 필연적으로 독단적인 것이었다.

오일러의 신

지수함수와 삼각함수를 처음으로 연결시켜 관계 공식을 만들어낸 사람은 스위스의 수학자인 레온하르트 오일러Leonhard Euler, 1707~1783였다.

오일러는 수학에 관해 비범한 천재였으며 그의 기량에 관한 이야기들이 아주 많다. 그는 프로이센 프리드리히 대왕의 법정에서 일했는데, 그곳에서 프랑스 백과사전 학자이자 철학자인 드니 디드로1713~1784를 만난다. 디드로는 고지식한 무신론자였다.

디드로는 어이가 없다는 생각에 안전한 파리의 살롱으로 도망친다.

앞의 이야기에서 언급된 공식은 특별한 것이 없다. 그러나 오일러는 모든 수학에서 가장 멋진 공식 중의 하나를 개발했는데, 확실히 한 번쯤 멈추고 생각하게 만든다.

오일러의 공식은 우주에서 가장 기본적인 다섯 개의 숫자를 연결하는 신비롭고 초월적인 표현이었다.

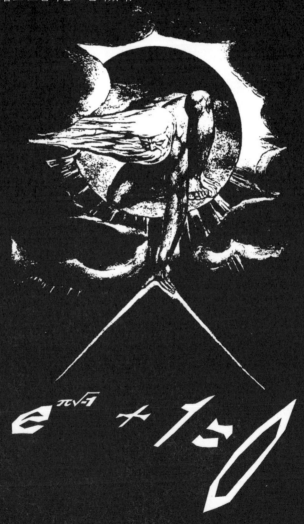

$$e^{\pi\sqrt{-1}} + 1 = 0$$

$$e^{\pi\sqrt{-1}} + 1 = 0$$

이를 역순으로 보면 가장 먼저 등장하는
것은 불가사의한 의문의 숫자 0이다. 그
러면 모든 숫자의 기초 단위인 1을 발견
할 수 있다. 또한 그 숫자는 제곱근에 둘
러싸인 음수 $\sqrt{-1}$, "i"라고 함로 표기되어 있
다. 이것이 바로 많은 문화와 문명 세계를
매료시킨 '허수'의 기본 단위이다. 다음으
로는 원과 원주율을 측정하는 가장
오래된 수학적 상수인 π이 있다. 그리고 마
지막 숫자이자 가장 최근에 발견된 초월수
e인데, 이는 기하급수적으로 증가하는 지
함수의 밑이다.
이와 같은 관계가 오랫동안 반복되었다
하더라도 실험으로 발견할 수 있었을까?

사실 오일러의 신성한 공식은 그가 발견한 함수에서 비롯되었는데, 이는 복소수와 무슬림 수학자들이 발견한 삼각함수와 연결된다 89페이지 참조.

함수 e^x가 매우 빠르게 증가하는 그래프를 보았을 것이다 103 페이지 참조. 반대로 $e^{\sqrt{-1}x}$의 그래프는 원이다! 반지름은 단지 하나의 단위이며, x는 원점에서 한 점까지의 선이 만들어내는 각도이다.

점이 원 주위를 돌면 x는 0에서 2π으로 커진다. 그러나 이 그래프를 삼각함수의 눈으로 보면, 숫자 $e^{\sqrt{-1}x}$의 '실수' 부분은 단지 cos x이고, '허수' 부분은 sin x라는 것을 알 수 있다.

그래서 우리는 다음과 같이 표기할 수 있다.

$$e^{ix} = \cos x + i \sin x,$$

여기서 i는 $\sqrt{-1}$의 기호이다.

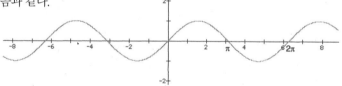

점이 원을 두 번째로 돌면 x가 계속 증가할까? 함수 e^{ix}, cos x 및 sin x는 계속 반복되는데, 이를 주기적이라고 한다. y = sin x의 그래프는 다음과 같다.

이는 전류와 같이 시간이 흐름에 번갈아 나타나는 수많은 현상이나, 소리처럼 공간에서 전파되는 파동과 같은 것이다. 사인과 코사인은 메시지를 전달하는 모든 복잡한 파형의 구성 요소이다. 그리고 이것들로 수학을 할 때 '허수'의 형식을 사용하면, 번거롭고 특수한 계산을 깔끔하고 쉬운 연습으로 변환할 수 있다.

그래서 나의 신성한 공식은 산업과 기술 세계에서 많은 일을 하고 있지!

비유클리드 기하학 ✕➗

우리는 유클리드가 몇 가지의 '공통개념'과, 별도로 증명할 필요가 없는 '공준'으로부터 모든 기하학을 추론했다는 사실을 알고 있다. 하지만 이 중 하나는 평행선에 관한 것인데 이는 공준이기보다는 정리로 보인다. 이는 사람들이 수세기 동안 유클리드 체계의 진실과 완전성에 대해 의문을 가졌기 때문에 당혹스러운 일이었다. 그러다 어느 날 갑자기 그것은 수학적 상상력의 큰 도약의 기반이 되었다. 즉 비유클리드 기하학이 탄생한 것이다.

이것은 여러 사람에 의해 이뤄졌다. 하지만 첫 번째 사람은 자신이 그 일을 하고 있는지 몰랐다! 그 사람은 바로 예수회의 수학자이던 사케리 Saccheri, Girolamo, 1667~1733였다. 그는 모든 논란을 단번에 끝내버리기로 마음먹었다. 그는 1733년 자신의 저서 《모든 결점을 제거한 유클리드Euclid Cleared of Every Blemish》에서, 평행선 공준 없이 기하학을 하기는 불가능하다는 사실을 보여 주려고 했다.

> 난 실제로 몇 가지의 정리를 증명했지… 하지만 우스꽝스러워서 그만 뒀어.

> 이건 과학 사상의 역사에 있어 가장 큰 목표였지.

결과에는 아무런 문제가 없었다. 그리고 나중에 자신이 무엇을 하고 있는지 알고 있는 진짜 수학 발명가에 의해 검증되었다.

평행선 공준은 표현하는 방법에는 여러 가지가 있다. 우리에게 한 직선과 그 직선 밖의 한 점이 주어지면, 그 점을 통과하는 단 하나의 평행선을 얻을 수 있다. 만약 이것이 허용되지 않는다면, 평행선이 없거나 한 개 이상의 평행선이 있을 것이다.

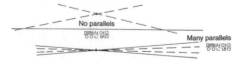

No parallels
평행선 없음

Many parallels
평행선 많음

먼저, 두 명의 수학자 헝가리인 보여이 야노시Janos Bolyai, 1806~1860와 러시아인 니콜라이 로바쳅스키Nikolai Lobachevski, 1792~1856에 의해, 거의 동시에 평행선이 많은 경우가 발견되었다. 나중에 독일인 베른하르트 리만Bernhard Riemann, 1826~1866은 평행선이 없는 경우에 대해 연구했다. 그런 뒤 이러한 기하학은 특별한 곡면 위에서 만들어질 수 있음을 깨달았다.

리만의 기하학에서 '선'을 대원으로 이해한다면 구가 좋은 예가 될 것이다. 이는 구의 중심을 통과하는 평면에 의해 만들어지는 구 위의 곡선을 말한다구면삼각법은 88페이지 참조. 두 개의 대원이 두 번 교차해야 하므로 평행선이 있을 수 없다.

여기서는 '선'은 두 점 사이의 최단 경로로 생각한다. 그리고 결코 만나지 않는 많은 '평행선'이 있다는 사실이 밝혀졌다.

사람들이 비유클리드 기하학에 익숙해지면서, 수학이 논리적이어서 오류가 없는 진리라는 믿음을 약화시켰다. 그러나 그런 혁명적인 생각을 가라앉히는 데까지는 오랜 시간이 걸렸다.

N 차원의 공간

기하학에서 또 다른 반직관적인 발전은 3차원 이상의 공간에 대한 연구였다. 데카르트의 대수 기하학 체계를 더 많은 차원으로 확장하는 것은 매우 간단하다. x, y 좌표평면 대신, '초공간'에 있는 점은 좌표 $x_1, x_2, x_3 \cdots x_n$ 를 가질 수 있다.

물론 이러한 초공간에서 곡선의 속성은 2차원 또는 3차원의 속성과 매우 다르다. 그러나 이제 많은 차원을 다루는 데 별 어려움이 없어 보인다.

빅토리아 시대에는 매우 달랐다.

이 2차원 공간에 관해, 몇몇 걸작의 수학 소설과 사회 비평들이 쓰여졌다. 이 작품들은 평면 위에 살고 있는 사람들과 다각형 사회를 묘사하고 있다. 빅토리아 시대의 사람들과 마찬가지로 이들도 지위에 집착하는데, 인간이 가진 변의 수에 따라 달라진다. 상류층은 4개, 귀족은 많이 가지고 있으며, 노동자는 3개, 여성은 1개만을 가진 것으로 묘사된다!

영웅 '정사각형'은 구와의 우정을 통해 3차원의 경험을 하게 된다. 이 더 높은 존재는 500년마다 평면 사람들에게 원으로 나타나는데, 점으로 시작하여 커졌다가 줄어들다 마침내는 사라진다. 평면에 있는 사람들이 이해할 수 없는 것은, 간단하게 구체가 그들의 평면을 통과한다는 점이다. 우리의 영웅 정사각형은 구와 친구가 되어, 그를 공간으로 데려간다. 구는 정사각형에게 자족하며 사는 '선의 세상'과 '점의 세상'을 보여준다. 또한 그는 평면 위에 사는 사람들의 사생활도 들여다볼 수도 있었다. 그러나 평면으로 돌아오자 정사각형은 심각한 어려움에 빠진다. 그는 공간을 묘사하려고 하는데, 어떻게 친구들에게 '위'를 보여줄 수 있을까? 사람들은 정사각형이 미쳤다고 생각한다.

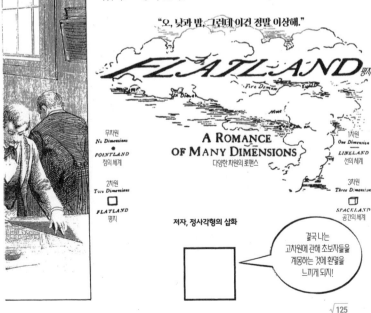

"오, 낮과 밤, 그런데 이건 정말 이상해."

FLATLAND 평지

무차원
No Dimensions
•
POINTLAND
점의 세계

1차원
One Dimension
LINELAND
선의 세계

A ROMANCE
OF MANY DIMENSIONS
다양한 차원의 로맨스

2차원
Two Dimensions
☐
FLATLAND
평지

3차원
Three Dimension
SPACELAND
공간의 세계

저자, 정사각형의 삽화

결국 나는 고차원에 관해 초보자들을 계몽하는 것에 환멸을 느끼게 되지!

에바리스트 갈루아

19세기에 걸쳐 대수학은 일반성 및 추상성에서 큰 도약을 한다. 그리고 점점 더 형식주의에 기반을 두게 되었다. 형식주의 체계는 점차 수와 산술적 연산 이외의 다른 것들에 대해서도 알아볼 수 있게 하는 눈을 길러주었다.

이 분야는 프랑스의 수학자인 에바리스트 갈루아Evariste Galois, 1811~1832에 의해 큰 진전을 이루게 된다. 그는 의심의 여지없이 수학 역사상 가장 비극적인 인물의 하나인데, 정치적으로 심각하게 혼란하던 시기에 열렬한 공화당원이었다. 아마도 그는 유명한 투사의 약혼자와 불운한 청년에게 연애를 주선한 공식요원이자 앞잡이의 희생양이었을지 모른다. 갈루아는 21세의 어린 나이에 살해되고 말았다. 생애 마지막 날 밤, 그는 자신의 모든 아이디어를 담은 원고를 집필했다. 원고는 거의 잃어버릴 뻔했지만 결국 15년 후에 복구되어 출판에 이른다.

갈루아는 일반적인 5차 방정식 $x^5 + \cdots = 0$의 제곱근 해를 찾으려 하던 오래된 문제를 공략했다. 그의 시대에는 그 일이 불가능하다는 공감대가 형성되어 있었지만, 아무도 그것을 증명하지는 못했다.

그것이 바로 제가 하려고 했던 일이죠. 그리고 내 아이디어를 진전시켜 나가는 과정에서, 집합이라는 개념의 새로운 아이디어를 떠올렸고요.

그는 아주 멀리 보았던 거야.

군

군은 조합의 규칙과 원소에 의해 정의되는 수학적 구조이다. 수가 없는 산술 체계라고 생각할 수 있다. 군을 이루는 구성 원소는 세거나 측정하는 것과 관련이 없으며, 일반적인 의미에서 수도 아니다. 갈루아는 이를 마치 덧셈처럼 할 수 있는 일련의 연산이 있을 수 있다는 사실을 알게 되었다.

이러한 일련의 작업에는 정의해야 할 몇 가지의 속성이 있다.

1. 어떤 원소에 대하여, 이들의 조합으로 세 번째 결과가 발생한다. 즉 2 + 2 = 4

2. 2 + 0 = 2에서와 같이 결합 원소를 변경하지 않는 '항등원'이 있다.

3. 그리고 어떤 원소에 대해서도 '역원'이 있으며, 이 둘이 결합하면 항등원이 된다. 2 + (−2) = 0

실제로 갈루아가 한 작업을 매우 간단하게 재현한 집합의 예로서 a, b, c, d라는 이름의 4개의 대상을 고려할 수 있다.

이것들이 군의 원소는 아니다. 군은 a, b, c, d가 순환하는 연산으로 이뤄진다. 다음과 같이 한 자리씩 바꾸는 순환을 생각해보자.

또는 두 자리씩 옮기는,

또는 세 자리씩,

만약 4개의 자리를 순환한다면 시작했던 곳으로 돌아갈 것이고, 이게 바로 항등식이지.

돌고 도는 형편없는 말장난.

우리는 이 순환을 A, B, C 그리고 I라고 부를 수도 있다. 그러면 A + C 는 1 + 3의 순환이며 이는 한 자리가 바뀐 다음 세 자리가 바뀌게 되어 제자리로 돌아온다. A, B, C, I항등원에 대한 '덧셈'표를 쉽게 만들 수 있다.

	I	A	B	C
I	I	A	B	C
A	A	B	C	I
B	B	C	I	A
C	C	I	A	B

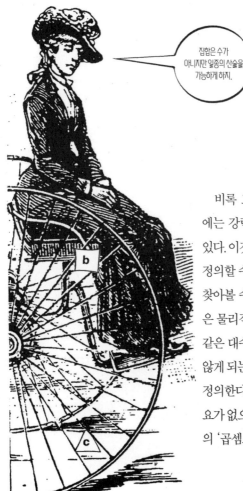

집합은 수가 아니지만 일종의 산술을 가능하게 하지.

비록 그 예가 간단하지만 그 안에는 강력한 아이디어가 포함되어 있다. 이것은 수학자들이 '덧셈표'로 정의할 수 있는 연산체계의 속성을 찾아볼 수 있게 한다. 즉 운동과 같은 물리적 과정이나 방정식의 근과 같은 대수적 객체의 예가 필요하지 않게 되는 것이다. 구조는 그 자체를 정의한다. 이러한 구조는 '군'일 필요가 없으며, 두 번째 조합으로 일종의 '곱셈표'도 있을 수 있다.

부울대수

곧 다른 종류의 연산이 검토되었다. 가장 흥미로운 것 중 하나는 영국의
수학자인 조지 부울George Boole, 1815~1864이 개
발했는데, 이는 논리적 명제와 같이 수
량화할 수 없는 개체에 수학을 적용
할 수 있도록 했다.

난 겸손하게 내 노적을
'사고의 법칙'이라고 불렀지.

현대적 형식에
서 이는 집합들의
조합대수 또는 '부
울대수'라고 한다.

여기에는
합집합이라는 연산이
있다. 각 집합에 속하는 모든
원소가 포함되어 있다.

그리고 교집합
두 집합의 공통인 원소를 가진다.

…이 수술 중에 내 구성원을
잃고 싶지 않아, 괜찮다면 말야…

부울대수는 우리가
선택해야 할 때마다 역할을 해.
우리가 인터넷 상에서 검색할 때도
거기에 있어.

'핫 크로스 번즈빵'의 레시피를 찾고 있다고 가정해 보자. 키워드를 입력한다.

핫　　　크로스　　　번즈

그러면 검색 엔진은 우리가 원하는 것을 묻는다.

(키워드가 있는 사이트)　　아니면　　(모든 키워드가 있는 사이트)

첫 번째 선택은 핫 또는 크로스 또는 번즈가 있는 모든 사이트를 제공할 것이다. 벤 다이어그램의 관점에서 보면 다음과 같다.

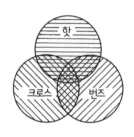 

집합의 측면에서는 {핫} + {크로스} + {번즈}이다. 이 경우 많은 사이트가 검색되고 흥미롭지만 관계없는 사이트도 많다.

하지만 우리가 '핫 크로스 번즈'만 원하고, 다른 것은 원하지 않는다면, 핫 그리고 크로스 그리고 번즈만 있는 사이트를 얻을 수 있다. 이때의 그림은 다음과 같다.

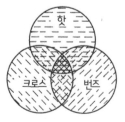

집합측면에서 {핫} × {크로스} × {번즈}이고, 핫 크로스 번즈만 있는 사이틀 찾을 수 있다.

컴퓨터 프로그램에는 숫자를 이용한 연산분 아니라, 선택하는 연산도 많이 포함되어 있기 때문에,

이를 프랑스어로 부울대수 '좌표' 라고 한다.

부울대수는 컴퓨터 프로그램 디자인의 기본이다.

부울대수의 '산술'은 보통의 산술과 달리, 다음과 같이 '분배'관계를 모두 보여주기 때문에 매우 흥미롭다.

A × (B + C) = (A × B) + (A× C) | A + (B × C) = (A + B) + (A + C)

보통의 산술에서는 첫 번째는 되고 두 번째는 되지 않는다. 하지만 'X'가 교집합이고 '+'가 합집합인 경우, 둘 다 '벤 다이어그램'이라는 그림이 보여주는 것처럼 작업한다.

다음은 수로 하는 것과 같은 작업하는 '분배 법칙'이다.

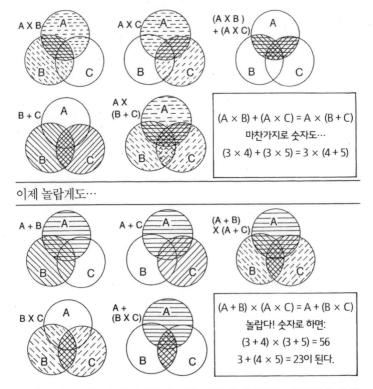

$(A \times B) + (A \times C) = A \times (B + C)$
마찬가지로 숫자도…
$(3 \times 4) + (3 \times 5) = 3 \times (4 + 5)$

이제 놀랍게도…

$(A + B) \times (A \times C) = A + (B \times C)$
놀랍다! 숫자로 하면:
$(3 + 4) \times (3 + 5) = 56$
$3 + (4 \times 5) = 23$이 된다.

이와 같은 예는 수학자들에게 넓은 범위의 상상력을 제공했다. 수학자들이 연구한 '산술'은 우리가 숫자로 알고 있는 것과는 점점 더 많이 달라져 갔다.

칸토어와 집합

어떤 사람들은 수에 대해 걱정하는 반면, 어떤 사람들은 무한에 대해 걱정한다. 실제로 무한대인 집합은 이전에는 추측이나 할 수 있는 신비로운 것으로 남겨

> 난 다양한 집합을 구성하는 방법을 보여 주었고 세어보기도 했지.

져 있었다. 독일의 수학자인 게오르크 칸토어George Cantor, 1845~1918는 대담하게도 무한대를 다스리기 위해 나아갔다.

그는 모든 분수를 세는 방법을 제시하고, 다음과 같은 패턴으로 배열했다.

$\frac{1}{1}$	$\frac{2}{1}$	$\frac{3}{1}$	$\frac{4}{1}$	$\frac{5}{1}$	$\frac{6}{1}$
$\frac{1}{2}$	$\frac{2}{2}$	$\frac{3}{2}$	$\frac{4}{2}$	$\frac{5}{2}$	
$\frac{1}{3}$	$\frac{2}{3}$	$\frac{3}{3}$	$\frac{4}{3}$		
$\frac{1}{4}$	$\frac{2}{4}$	$\frac{3}{4}$			
$\frac{1}{5}$	$\frac{2}{5}$				
$\frac{1}{6}$					

여기에는 모든 분수를 열거하는 규칙이 있다. 처음에는 막대가 왼쪽 상단 정사각형에서 시작되어 오른쪽 대각선으로, $\frac{2}{1}$에서 $\frac{1}{2}$ 등등과 같이 진행된다는 것을 알 수 있다. 계속 진행하면서 숫자가 이미 계산되었는지 확인한다예: $\frac{2}{4} = \frac{1}{2}$. 계산되어 있는 경우 생략하고 그렇지 않은 경우 포함시킨다. 또한 분수를 $\frac{2}{1} = 2$와 같이 나타낸다.

> 말을 천천히 달리게 하려는 농담을 하기엔 너무 늦었나요?

그러면 이런 순서가 생긴다.

$$1, 2, \frac{1}{2}, 3, \frac{1}{3}, 4, \frac{3}{2}, \frac{2}{3}, \frac{1}{4}, 5\cdots$$

이는 모든 분수정수 포함를 보는 것과 같다는 것을 알 수 있다. 이 분수는 분자와 분모의 합이 2, 3, 4로 나타나고, 매번 가장 큰 분자로 시작한다. 그리고 정수이든 분수이든 모든 숫자는 이 순서에 들어 있다.

마찬가지로 $\sqrt{2}$ 및 $\sqrt{(-1)}$과 같은 대수 방정식의 해인 모든 수는 셀 수 있다.

칸토어Georg Cantor, 1845~1918의 연구는 실제로 자신의 의도와는 반대되는 방향으로 입증되고 말았다. 수직선 위의 점들, 즉 점들, 즉 모든 '실수'의 집합을 열거할 수 없다는 것을 발견하게 된 것이다. 그래서 그의 증명은 몇 줄 밖에 되지 않지만 주의 깊게 지켜봐야 한다!

분수와 대수처럼 모든 숫자를 열거할 수 있다고 가정해 보자. 그러면 그것은 이전에 구성한 목록과 같이 무한히 긴 목록이 될 것이다. 그리고 분수와 마찬가지로 그 목록의 숫자는 크기 순서로 나타나지 않는다.

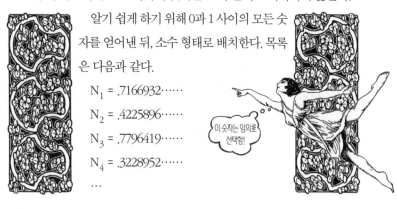

알기 쉽게 하기 위해 0과 1 사이의 모든 숫자를 얻어낸 뒤, 소수 형태로 배치한다. 목록은 다음과 같다.

$$N_1 = .7166932\cdots\cdots$$
$$N_2 = .4225896\cdots\cdots$$
$$N_3 = .7796419\cdots\cdots$$
$$N_4 = .3228952\cdots\cdots$$
…

이 숫자는 임의로 선택함!

각 수의 끝에 있는 점은 무한대로 계속된다는 것을 나타낸다. 그리고 N_4 다음의 점 또한 무한정 계속된다는 것을 의미한다.

이제 모든 '실수'가 이 목록에 포함된다면 우리가 눈으로 본 뒤에 구성하는 그 어떤 이 목록 속의 수를 이용해 만든 수도 목록 어딘가에 있을 것임.

만약 그렇지 않다면 실수를 모두 포함하지 않았다는 것을 인정해야겠지.

그렇다면 목록에 없는 숫자를 어떻게 구성할 수 있을까? 음, 첫 번째 위치에 있는 숫자와 다르고, 두 번째 위치에 있는 숫자와 다르고, 세 번째 위치에 있는 숫자와 다르고, 네 번째 위치에 있는 숫자와 다른, 숫자 등을 넣어 새로운 수를 만든다고 하자. 각 자리의 숫자를 목록에 있는 숫자보다 한 치수 높이는 것만으로 그러한 숫자를 구성할 수 있다.

우리가
만든 목록에 대해…

1번째 위치: 7 → 8
2번째 위치: 2 → 3
3번째 위치: 9 → 0
4번째 위치: 8 → 9
......

보시다시피 실제 수는 중요하지 않다. 그 수는 완전히 다를 수 있지만, 논리는 같다.

그래서 우리가 '이상하다'고 생각할 수 있는 새로운 숫자는 이제 우리가 부여한 목록에 대해 $S = .8309\cdots$가 된다.

요점은 다음과 같다…

목록에서
S는 어디에
있는가?

첫 번째, 두 번째,
세 번째도 아니고…
어디에도!

따라서 모든 실수를
열거할 수 있다는
가정은 거짓임.

칸토어는 두 가지 단계로 무한대 작업을 했는데, 셀 수 있는 수와 수직선선 위의 점이었다. 이것들은 어떻게 관련될 수 있었을까? 그는 무한대의 더 높은 차수를 생성하고 설명하는 방법을 찾아냈고, 이를 위해 '부분집합'이라는 개념을 도입했다. 만약 우리가 a, b, c라는 세 가지 원소의 집합을 가지고 있다면, 이것의 부분집합은 ab, ac, bc로 쌍을 이루는 것과 단일원소인 a, b, c가 있다. 통념상 '공'집합 구성원소가 없는 집합과 원래 집합 자체도 포함된다.

| abc | a | b | c | ab | ac | bc | |

이것들을 세어 보면 총 8개 원소, 즉 2^3라는 것을 알 수 있다. 이 새로운 집합을 원래 집합의 멱집합이라고 한다. 원래 집합의 원소가 N개이면 멱집합은 2^N이 된다.

이제 칸토어는 더 큰 집합을 생성하여 멱집합을 차례로 만들 수 있을 것이다. 그래서 그는 이 집합의 '크기'에 대한 새로운 기호를 만들어냈다. 유대인인 그는 오래된 히브리어 문자인 '알레프Aleph 또는 $\aleph$'을 채택했다. 그래서 만약 가산집합의 크기가 알레프 널Aleph-null, 무한집합의 농도이거나 $\aleph_0$, 멱집합의 크기는 $2^{\aleph_0}$이 된다.

반면, 수직선상의 실수 집합인 첫 번째 가산집합은 $\aleph_1$이지.

$2^{\aleph_0}$이 $\aleph_1$과 같다고 가정하는 것은 일견 타당해 보일 수 있지만, 이 가설은 이후 몇 세대에 걸쳐 수학자들을 괴롭혔지.

이와 같이 무한대 주변을 배회하는 것은 무척 흥미진진하기도 하지만 참으로 당황스럽기도 해. 그러다 결국 재앙이 닥치고 말았지!!

불가능

누군가 일반적인 방식으로 '집합'에 대해 말할 때, '모든 집합의 집합'이라고 언급하는 것을 막을 수 있는 방법은 없기 때문이다. 문법적으로도 타당하다. 그렇지 않은가? 그리고 그것은 집합 중에서 가장 큰 집합이어야 하고, 크기는 일종의 알레프가 될 것이다. 최종적으로는 $\aleph_F$이라고 해두자. 그러나 다른 집합과 마찬가지로 멱집합이 있을 것이며, 그 크기는 $2^{\aleph_F}$로 정의될 것이다.

그리고 이것은 분명 $\aleph_F$보다 크다. 그래서 우리가 진정으로 가장 큰 집합, 모든 집합의 집합으로 정의한 것은 훨씬 더 큰 집합을 생성해낼 수 있다. 이 아이디어는 자기모순이다!

이건 교사들이 마지막 숫자에 대해 물었을 때, 그들을 실망시킨 아이들의 복수나 마찬가지였어.

수학의 위기

칸토어가 발견한 무한대의 역설은 수학에 새로운 종류의 도전을 제시했다. 이는 $\sqrt{-1}$ 또는 $\frac{dx}{dt}$와 같이, 그저 수학적 연구 대상이 직관을 거스르는 것처럼 보이는 경우와는 달랐다. 오히려 그것들은 명백히 자기 모순적이었지만, 기존의 수학과 세부적으로 크게 다르지 않은 주장을 통해 다룰 수 있었다.

20세기 초에 많은 철학자와 수학자들이 위기를 해결하기 시작했다. 그들은 물었다…

러셀과 수학적 진실

위기 해결에 열정적인 사람들 중에는 버트런드 러셀Bertrand Russell, 1872~1970이 있었다. 그의 오랜 경력에는 논리학과 철학, 진보적 교육, 마침내는 핵무기에 저항하는 시민 불복종까지 포함되어 있다. 그에게 있어서 수학은, 종교의 거짓 주장과는 반대로 세상에서 유일한 진정한 진리를 대표하고 있었다.

> 난 그리고 다른 사람들도 칸토어의 분석에 무엇이 잘못되었는지, 단서를 찾기 위해 논리적 역설을 연구했지.

논리적 역설은 고대 그리스 시대부터 알려져 있었다. 일부는 '모든 집합의 집합'에서와 같이 '모든'을 사용하는 것에 의존했다.

> 어떤 사람들은 명제와 같은 자기참조자기 합의회에 의존한대.

> ...이런 명제는 거짓.

> 인용문의 명제가 참이어도 내용에 따라 거짓일 수 있어...

> ...하지만 인용문의 명제가 거짓이면 내용은 참이라고!

역설 중 가장 기발한 것 중의 하나는 명칭부여에 관한 것이다. 'B'를 '19음절 미만으로 명명할 수 없는 최소 정수'로 정의해 보자. 일반적인 방식에서, 명칭에 19음절이 필요한 것은 무척 큰 숫자일 것이다. 즉 'seven hundred thousand million billion'은 10개만 있으면 된다.

이 역설은 매우 심각하다. 자기참조나 보편성조차 포함되지 않았기 때문이다. 이는 수학의 논리적 기반을 닦고 확실성을 구하는 것이 얼마나 어려운 일인지 보여준다.

그래서 결국 러셀 자신도 그 활동을 포기했다.

'증명'은 변환 규칙으로 연결된 직선 기호의 집합일 것이다. 과제는 '타당한' 증명이 타당하지 않은 증명과 수학적으로 구별할 수 있는지를 보여주는 것이 문제였다. 이를 통해 어떤 수학적 명제도 참 또는 거짓임을 보여질 수 있었다.

괴델의 이론

쿠르트 괴델Kurt Gödel, 1906~1978은 1931년 화이트헤드 A.N. Whitehead, 1861~1947와 러셀의 《수학원리》1910~1913 이라는 3권의 저술에 대응해, 자신의 정리를 발표한다.

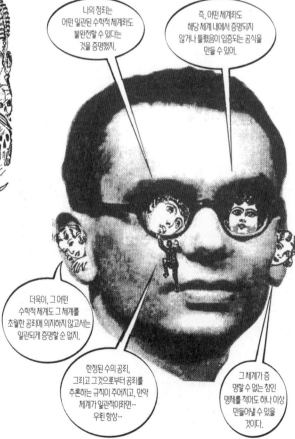

그가 만든 장치는 새로운 방식으로 수를 사용하기 위한 것이었다. 그는 수학적 명제의 모든 부분에 수를 할당한 다음, 그것들을 결합하여 각 명제에 고유한 수를 부여했다. 그런 후 칸토어를 연상시키는 주장으로, 명제를 나타내는 '괴물' 수를 만들어냈다. 이것은 매우 의미가 있었지만 증명되거나 반증할 수는 없었다.

괴델의 정리는 수학이 모두 논리적으로 연결된 진리의 체계가 될 수 있다는 꿈을 단번에 끝장내 버렸다.

튜링의 머신

다른 종류의 생각이 괴델이 일으킨 감명 깊은
파괴로부터 비롯되었다. 완전히 추상적인 방
식으로 수학적 명제를 생성한다는 그의 아이
디어는, 앨런 튜링Alan Turing, 1912~1954에 의해
선택되었다.

튜링 기계는 테이프 각각의 부분에 담긴 정보에
반응하고, 가장 기초적인 작업을 수행하는 프로그
램과 테이프로 이뤄져 있다. 1930년대의 기술임을

> 내 손을 거쳐,
> 기계식 계산기와는 완전히
> 다른 컴퓨터 사양이
> 되었지.

감안했을 때, 이 개념이 실제적으로 사용되지는 못했다. 하지만 이것은
튜링 자신이 연구를 위해 원했던 괴델의 방식과 유사했다.

얼마 지나지 않아, 튜링의 이런 통찰력은 제2차 세계대전 기간 중에 컴
퓨터 개발을 이끌면서 매우 실용적으로 개선되었다. 이는 프로그램을 외
부노브 및 스위치의 설정으로에서 설정하는 거대한 계산기로 진화되어 갔다.
이러한 큰 변화는 프로그램이 다른 모든 작업을 지시하는 특수한 파일
을 컴퓨터 내부에 설치되었을 때 일어났다. 지금은 이 계산기에 있어 복

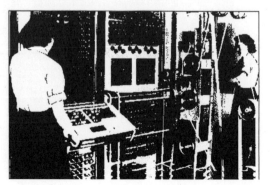

잡성이나 적응성
에 제한은 없다.

튜링은 독일의 암호 해독팀에 소속되어 전투에서 승리하는 데 기여했다. 그러나 동성애자로서 박해 그리고 기소를 받았고, 그 결과 거의 명백히 비극적으로 삶을 마감했다. 그는 청산가리 중독으로 쓰러진 채 발견되었는데, 옆에는 한 입 배어진 독이 든 사과가 놓여 있었다.

추상적인 컴퓨터에 대한 튜링의 비전은, 장기적으로 봤을 때 나름 문제의 소지가 있음이 밝혀졌다. 그의 간단한 운영체계에는 프로그래밍 오류 수정에 필요한 공간이 없었다. 컴퓨터는 오랫동안 오류가 없는 것으로 믿어져 왔고 모든 실수는 인간의 실수였다. 하지만 '밀레니엄 버그'의 발견으로 인해, 컴퓨터 이론과 프로그램의 추상적이고 형식적인 시스템은 신성한 진리가 아니라, 너무도 인간적인 산물이라는 것을 깨닫게 되었다.

프랙털

컴퓨터의 힘은 이제 수학 그 자체를 지탱하며 반응하고 있다.

컴퓨터 그래픽은 프랙털 기하학이라고 하는 새로운 종류의 기하학으로 이어졌고, 특별한 형태의 불규칙한 모양으로 구성되어 있다. 이러한 모양을 '자기유사성'이라고 하는데, 프랙털 시스템의 모든 하위 시스템이 전체 시스템과 동일하다는 것을 의미한다.

프랙털은 놀랍도록 아름다운 구조이며, 매우 복잡하고 또 단순하다. 이것은 무한한 디테일과 고유한 수학적 특성 때문에 복잡하다 두 개의 프랙털은 동일하지 않다. 그리고 그것들은 특정한 간단한 조작에 의해 생성되기 때문에 간단하다.

먼저 $x^2 + y$ 형식의 간단한 방정식으로 시작할 수 있다. 여기서 x는 변할 수 있는 복소수이고 y는 고정 복소수이다. 우리는 두 개의 복소수를 설정하고 컴퓨터에 더하기의 결과를 가져와, 다음 라운드 그리고 그 다음 라운드에서 계속에 x로 대체하도록 지시한다. 그 결과는 굉장하다.

프랙털을 탐구한 폴란드 태생의 프랑스 수학자 브느아 맨델브로는 이를 무한대로 보는 방법으로 묘사했다.

Benoît Mandelbrot, 1924

오늘날 프랙털은 난기류, 지진분포 및 도시 진화와 같은 복잡한 현상을 연구하는 데에 이용되고 있다.
그리고 프랙털 기하학은 혼돈 이론의 새로운 수학으로 이어졌습니다.

카오스 이론 ⊗ ÷

카오스 이론은 무작위적이지 않은 미분 방정식으로 설명할 수 있지만, 예측할 수 없는 현상들을 설명한다. 이는 초기 조건의 아주 작은 변화로 미분방정식의 해에 매우 큰 변화를 일으킬 수 있기 때문이다. 이러한 속성에 대한 고전적인 진술 실제로 과장이 있다.

…나비가 날개를 펄럭이면 폭풍의 진로가 바뀔 수 있어.

해의 혼돈스러운 양상은 시스템의 프랙털 속성과 밀접한 관련이 있다. 이것은 '자기유사성'이기 때문에, 해를 그리는 척도를 바꾸면, 동일한 종류의 가변성을 파악할 수 있다.

주식시장의 가격 변동과 같은 임의의 현상이 이러한 자기유사성의 속성을 가지고 있는 것으로 밝혀졌다. 이는 주식 포트폴리오를 관리함에 있어 이 카오스 이론을 활용할 수 있음을 의미한다.

위상수학

컴퓨터의 힘은 이제 다른, 더 의미 있는 방법으로 다시 수학에 반응하고 있다. 컴퓨터는 인간의 뇌의 능력이 부족하다는 증거를 보여주었다. 가장 유명한 최근의 사례는 위상수학의 분야이다. 위상수학은 정확한 모양과 관계없이 독립적으로 구조 간의 관계를 연구한다. 문제를 진술하기에는 가장 쉽고 해결하기에는 가장 어려운 수학 분야라고 생각하면 될 것 같다.

위상수학의 문제 중 가장 큰 난제는 '4색 정리'이다. 이는 최대 4가지의 색상을 사용하여 지도를 색칠할 수 있음을 의미한다. 유일한 규칙은 공통의 경계를 가진 두 지역이 같은 색을 가질 수 없다는 점뿐이다. 이들 나라가 한 지점에서 만나는 것은 상관없다. 그렇지 않으면 '지도'가 우리가 원하는 것 이상의 섹터 파이 차트가 될 수 있고, 더 많은 색상이 필요할 수 있다.

유일한 제한은 각각의 '지역'이 하나로 연결된 땅이어야 하고, 어떤 지역도 다른 지역 안에 '섬' 같은 것을 가질 수 없다는 점이다. 루가노 근처의 이탈리아와 스위스와 같은 경우.

누구든 네 가지 색으로 칠할 수 있음을 알게 될 거야, 서로 연결된 나라의 지도로 실험해 볼 수 있어!

결국 1976년에 증명이 이뤄졌다.

하지만 그것은 인간의 능력 밖의 과제인 1천 개가 넘는 사례들에 대한 상세 연구에 달려 있었다. 그래서 한 번에 하나씩 특수한 경우를 실험하기 위해 컴퓨터 프로그램이 만들어졌고, 원하는 결과를 얻을 수 있었다.

그러나 그 후 몇몇 수학자들은 증명을 확인할 수 없다며 불평했다. 컴퓨터 프로그램은 논리적으로 연결된 일련의 진술이 아니라 명령어 집합이다. 따라서 특정 프로그램(다른 모든 프로그램들과 달리)이 완벽하게 오류가 수정되었는지 확인할 수 있을까? 결국 일종의 합의가 이뤄졌고, 지금은 그 증명이 '타당한' 것으로 받아들여지고 있다.

수론

위상수학에서와 마찬가지로 수론의 문제는 묘사하기는 쉽고 증명하기는 어렵다.

모든 짝수에 대해 이를 증명하기는 매우 어렵다. 사실 오랜 시간 동안 수학자들에게는 크나큰 도전이기도 했다. '골드바흐 추측'으로 알려진 이 문제에 대한 첫 번째 성공적인 공략에서는, 단지 400,000개의 소수가 필요함을 보여주었다.

정수론에서 가장 유명한 정리는 프랑스의 수학자인 피에르 페르마Pierre de Fermat, 1601~1665의 정리다.

그러나 페르마가 자신이 증명해냈다고 믿었던 방정식

$$x^n + y^n = z^n$$

은 2보다 큰 n에 대해서는 자연수 해가 없다. 그는 실제로 친구에게 이에 대한 깔끔한 증명을 가지고 있다고 편지에 썼지만, 편지의 여백이 부족하다고 했다! 그래서 3세기 동안 계속된 추적이 시작되었고, 최근에야 비로소 그 작업이 끝났다. 그 증명은 현재 프린스턴 대학교에서 가르치고 있는 영국의 수학자인 앤드류 와일스Andrew Wiles, 1953에 의한 것이다.

$$a^2 + b^2 = c^2$$

여기서 a, b, c는 정수이다. 이 식을 만족하는 세 수는 수 세기 동안 알려져 있었다.

우리는 무슬림 수학자들이 더 높은 거듭제곱에 대한 관계를 고민해 왔었다는 사실을 알고 있다. 어떤 사람들은 심지어 다음 식을 만족하는 수의 예를 찾을 수 없음을 증명하려 하기도 했다.

$$x^3 + y^3 = z^3$$

이 모든 것은 인간의 정신은 여전히 컴퓨터가 할 수 없는 일을 성취할 수 있다는 것을 보여준다!

수학적 관계들 중에서 가장 오래된 것 중 하나인 '피타고라스 정리'의 해가 무한히 많다는 것에 대한 나의 성찰에서 비롯되었어.

이것은 매우 깊은 난해한 수학을 포함하고 있으며, 수백 개의 계산과 논리적 연결을 포함하며 쓰여졌어.

수론은 전통적으로 수학에서 적용 가능성이 가장 낮은 분야 중 하나였다. 그러나 여러 분야의 발전이 진행됨에 따라 예상치 못한 방식으로 상호작용을 하게 된다.

그러나 인터넷을 통해 전송되는 메시지의 보안은 암호를 해독하는 것이 얼마나 어려우냐에 따라 완전히 달라진다. 이 때문에 갑자기 상업적·기술적·정치적으로 중요성이 커졌다.

암호를 만드는 가장 좋은 방법은, 구성요소들을 쉽게 산출할 수 없도록 매우 많은 수를 사용하는 것이다. 이러한 수들을 정의하고, 구성하고 해체하는 수단을 고안하는 것은 수론 및 군론과 관련된다. 그래서 가장 추상적인 수학적 분야가 이제는 수학의 최첨단에 서게 되었다.

정부는 범죄자나 테러리스트로부터 올지도 모르는 메시지를 탐지하고 해독하는 능력을 매우 엄격히 관리하기 때문에, 이 문제는 또한 매우 정치적인 것으로 변모했다.

암호학 암호 생성 및 해독은 전통적으로 군인과 스파이들만 관심을 가져왔지.

뭔가를 해야해!

통계

수학이 일반 시민의 삶에 가장 많은 영향을 미치는 부분은 통계이다. 통계라는 용어 자체는 '국정 운영기술'이라는 뜻인데, 정부가 나라에서 일어나고 있는 일에 대해 정보를 가지고 있으면, 더 잘 할 수 있다는 것을 깨닫는 것과 같다. 그러나 엄청난 양의 숫자를 수집하는 것만으로는 충분하지가 않다. 유용하게 활용하기 위해서는 집계, 분석 및 요약을 해야 한다.

이러한 작업에서는 '평균'과 같은 다양한 통계수단이 사용된다. 그러나 그러한 수는 데이터를 대표할 뿐이다. 그런데 이것은 어떤 측면에서 맥락을 드러내고 명확하게 하기도 하지만, 다른 측면에서는 숨기거나 감추는 모호한 역할을 할 수도 있다.

통계가 어떻게 작동하는지 보여주기 위해, 어떤 마을을 상상해 보자.

1년에
10,000달러를 버는
1명의 집주인

1년에 쉽게
1,000달러를 버는
10명의 농부

1년에
100달러를 버는
농부 100명

따라서 평균소득은 대부분의 사람들에 비해 약 3배이지!

마을의 총수입은 30,000달러이고, 전체 111 가구로 나누면 연간 270달러가 된다.

이와는 달리, '중간값' 50%나 소득이 더 많음 또는 '최빈값' 대부분이 버는 만큼 의 소득으로 구분할 수도 있다. 두 경우 모두 100달러가 될 것이며, 운이 좋아 더 많이 버는 사람들은 무시한다. 소득 분배에 대한 더 나은 밑그림을 제공하기 위해, 하위 및 상위 '10분위' 10% 및 90% 수준를 인용할 수도 있다. 90%의 10분위는 중간소득 상단의 11번째 가구를 말한다.

마지막 예는 완전히 객관적이고 중립적인 통계적 표현과 같은 것은 없다는 사실을 상기시킨다. 사실 통계로 거짓말을 하는 것은 매우 쉽다.

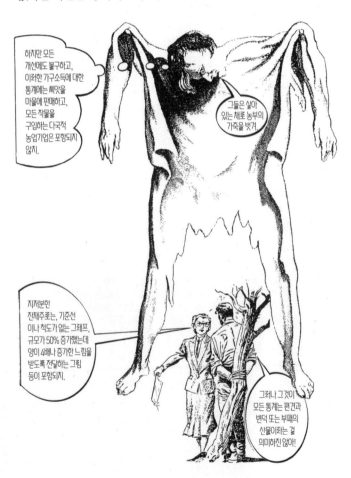

P-값과 이상치

유의성에 관한 모든 통계적 실험에는 '신뢰한계' 또는 'p-값'이라는 숫자를 인용한다. 이는 5%, 1% 또는 다른 것 또는 95%, 99%와 같은 것들이다. 대략적으로 말하자면, 실험이 전달하는 확실성의 정도를 나타낸다. 또 잘못된 양의 결과를 낼 수 있는 실험에 대한 확률 20-1 또는 100-1을 나타내기도 한다. 어떤 실험도 완벽한 결과를 제공할 수 없다! 요구되는 확실성이 높을수록 실험 비용도 더 높아질 것이다. 이 때문에 특정 분야에 대한 표준을 정하는 사람들은, 여러 가지 종류의 오류에 대해 허용 가능한 오차 범위를 설정하게 될 것이다.

전형적인 예로, 우리는 썩은 사과 하나가 한 통을 전부 썩게 할 수 있다는 사과 표본을 가지고 있지…

…포탄의 도화선 퓨즈 표본과는 대조적으로, 결함 있는 한 개의 퓨즈는 배 한 척의 하물 전체를 날려버릴 수 있지.

이러한 p-값에는 거짓이 참이 될 가능성을 제한하도록 설계된 다른 측면이 있다. 보다 더 엄격한 p-값은 테스트는 좀 더 '선별적'으로 하고 '민감도'는 낮춘다. 일부 환경오염 물질의 독성을 테스트할 경우 p-값 95%가 허위 경보로부터 우리를 보호할 수 있지만, 어설픈 안일함으로 인해 취약해질 수 있다.

따라서 명백히 '객관적인' 통계적 유의성 테스트는 묵시적인 '입증책임'을 암시하고 있다. 즉, 물질이 위험하다는 것이 엄격한 방법으로 증명될 때까지, 안전하다고 간주되는가, 아니면 '조기경고' 표시가 타당한 것으로 인정될 것인가? 각각의 경우 '예방원칙'이 작동하고 있다. 여기서 피할 수 없는 질문은 누구를 대신하여 예방조치를 할 것인가이다.

실험 데이터의 표현과 같이 통계를 가장 단순하게 사용하는 경우에도 가치 판단은 피할 수 없다. 모든 데이터가 데이터 점들을 관통하는 직선 근처에 있는 건 아니다. 실제로 너무 가까우면 조작되었다는 신호이다. 그리고 일부 데이터는 대부분의 데이터로부터 멀리 떨어져 있을 것이다. 이를 '이상치'라고 한다. 만약 이것들이 계산에 포함되면 나쁜 쪽으로 편향될 수 있다. 그러나 이를 거부하면 뭔가 문제가 있다는 판단과 같은 것이고, 심지어 중요한 정보를 버리는 것과 같을 수 있다. 그래서 이상치는 가치가 있다.

확률

통계 데이터를 처리하는 기술은 주로 확률 이론을 기반으로 한다. 여기에는 세 가지의 매우 뚜렷한 개념이 포함되는데 너무 자주 혼동된다.

두 주사위를 던질 때 36가지의 가능성 중 7을 얻는 방법은 6가지가 있다.

그리고 과거에 수집된 통계를 바탕으로 75세 이상까지 살 수 있는 사람에 대한 '경험적' 확률이 있다.

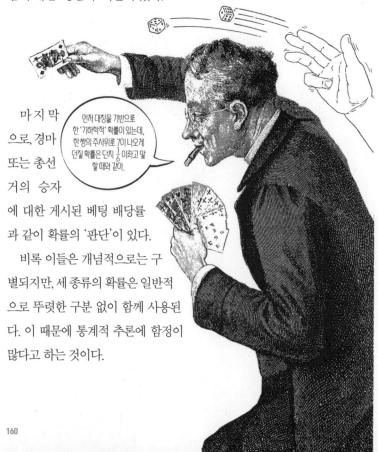

마지막으로, 경마 또는 총선거의 승자에 대한 게시된 베팅 배당률과 같이 확률의 '판단'이 있다.

> 먼저 대칭을 기반으로 한 '기하학적' 확률이 있는데, 한 쌍의 주사위로 7이 나오게 던질 확률은 단지 $\frac{1}{6}$ 이라고 말할 때와 같아.

비록 이들은 개념적으로는 구별되지만, 세 종류의 확률은 일반적으로 뚜렷한 구분 없이 함께 사용된다. 이 때문에 통계적 추론에 함정이 많다고 하는 것이다.

갑자기 친구가 당황스러워 한다. 그녀는 편향적이지 않은 동전에서 앞면과 뒷면의 기하학적 확률이 동일하다는 것을 알고 있다. 이 때문에 편향적이지 않은 동전은 '결국' 앞면과 뒷면이 같은 횟수로 나오는 경향이 있다. 이는 경험으로 확인할 수 있다. 그러나 이 두 가지의 일반적인 사실에서 특정 동전이 편향되어 있는지의 여부를 판단하는 것은 완전히 다른 이야기가 된다.

특정 동전이 편향되어 있는지 여부에 대한 판단에는 확률과 통계의 수학적 이론이 필요하다. 그런 다음 실험 설계는 오류에 대한 비용평가 및 최종 판단을 대한 신뢰한계의 설정과 함께, 동전 던지기의 결과에 대한 가정을 통합한다. 동전 던지기가 분명해지면, 우리는 심각한 문제에 직면하게 된다. 문제의 직접적인 형식은 확률에 대한 간단한 진술'편향되지 않은 동전은 앞 뒤 면이 같음'이지만, 반대의 형태'동전은 편향적인가?'는 통계 과학에 의해 뒷받침되는 판단을 필요로 한다.

통계적 논쟁이 인과관계와 얽히면 함정은 도처에 도사리고 있다. 비행기로 여행하지 않는 남자에 대한 이야기가 있다…

불확실성

정책 입안자나 대중에게 숫자를 제공해야 하는 사람들은 잔인한 딜레마를 안고 있다. 불확실성에 대한 설명과 특정 숫자를 보여주지 않으면 결과를 이해할 수 없을 것이다. 그렇다고 해서 안전을 정의하는 '마법의 숫자'^{종종 '백만 분의 1'}라는 식으로, 단순화해서 제공하면 오해의 소지가 있다는 비난을 받을 수 있다.

사회적 측면에서 수학의 큰 도전은 불확실성의 관리에 있다. 자연과학의 진보는 무지를 걷어내고 불확실성을 없애줄 것이라고 오랫동안 믿어왔다. 확률론이 나머지를 다룰 것이다.

불확실성은 수학의 토대를 점령했고, 물리학에서 '양자이론'의 핵심에 있다. 이제 우리는 산업문명이 예측할 수 없을 정도로 복잡한 자연환경에 미치는 영향에 직면하고 있다. 불확실성이 그 어느 때보다 두드러진 것이다. 그래서 인기 있는 새로운 수학 분야를 '재앙'과 '혼돈'이라고 일컬어지는 것도 놀라운 일이 아니다. 이제 수학이 무엇인지에 대한 우리의 관념에 불확실성을 포함할 것인지 말 것인지 고민해야 한다.

정책수

그건 악마가
할 짓이야!

셈과 계산을 위해 고안된 수에 대한 우리의 이해는, 정책 결정을 위해 사용되는 수에 대해 항상 적절하다고 볼 수만은 없다. 이러한 용도는 다른 개념과 다른 기술을 필요로 한다. 정확하고 사실적인 수학에 초점을 맞춘 오랜 전통 때문에, 불확실성이 정책 수치의 필수적인 부분이라는 것을 깨닫지 못하는 경향이 있다. 언론과 공식 성명에서 수치 정보가 지나치게 확실하면 의문에 대한 불확실성을 덮어버린다. 결국, 수량이 47과 같이 두 자리로 표현될 경우, 46이나 48과는 다르다거나 약 2% 이내라는 것을 의미한다.

그리고 만약 '47'이 모든
종류의 해석과 모든 종류의 데이터로부터
계산된 '안전한 한계'라면, 그것이 실제로
2% 이내일 확률은 얼마일까?

과도한 정밀도는
오히려 혼란스럽고 오해의
소지가 있으며, 사용자와 제공자
모두에게 어려움을
겪게 하지.

정책 결정에서 숫자의 중요성은 그 맥락에 따라 다르다. 성경에는 놀라운 정교함을 보여주는 대화가 있다. 창세기 18장에, "아브라함과 주님은 소돔과 고모라의 성 앞에 계신다. 주님께서 말씀하시길…"

그러자 아브라함이 말한다.

그래서 아브라함은 논쟁을 다른 수준으로 끌어올린다.

이제는 정책의로운 영혼을 일부 발견할 수 있다면 도시를 살리는 것에 관한 것이 아니라 실행에 관한 것할당량보다 조금 부족하다면이다. 이런 맥락에서 50은 셈이 아니라 정책수이며 '테두리'를 암시한다. 아브라함은 45명이 테두리 안에 있다고 주장했다. 분명 주님은 5명이 적다고 해서 도시를 파멸시키지 않을 것이다. 주님은 추정치에 납득했다. 상대의 노련한 기술을 감지한 주님은 곧바로 의로운 영혼을 10명으로 줄이는 것을 허락했다. 신중한 아브라함도 더 이상 흥정을 하지 않았다.

‘소돔 구하기’ 이야기는 논쟁에서 숫자가 어떻게 매우 다른 의미를 가질 수 있는지 보여준다. ‘50’은 견적이나 추정치와 관련이 있고 5 또는 45는 테두리와 관련이 있다. 45와 50의 차이는 상황에 따라 다르다. 때로는 차이가 중요하고 테두리 외부 때로는 그렇지 않을 수 있다. 이 사례는 정책수라고 부르는 것에 관한 것이지만, 맥락에 따라 달라진 수 있다는 점은 모든 추정이나 측정에서 유효하다.

‘열쇠 절단기의 역설’에서도 같은 현상을 찾아볼 수 있다.

사람들은 자물쇠에 맞는 새 열쇠로 사용하기 시작해서 복사한 사본을 사용한다. 매번 사본은 ‘정확 허용 오차 내’하지만 반복 복사 후에는 새 키와 맞지 않게 된다. 복사기의 허용오차가 원래 키의 오차 허용 범위를 넘어설 정도로 누적되었기 때문이다. 측정면에서 A = B = C⋯ = K가 된다. 그러나 A는 K와 같지 않다. 일반적인 산술의 관점에서 이것은 말도 안 되는 일이다. 그러나 이는 추정 및 측정의 숫자가 특정 상황에서만 의미가 있다는 것이며, 단순 계산과 같은 것을 의미하지 않는다는 점을 보여준다.

수학과 유럽 중심주의

유럽의 수학은 유럽의 자의식에서 상당한 역할을 해왔다. 즉 유럽의 가장 위대한 문화이자 하나의 진정한 세계문화로 인식한다는 것이다. 수학을 진정으로 보편적이고 가치 없는 것으로 여기는 사람들은, 수학과 제국주의가 함께 손을 잡고 가지 않았음을 알게 된다. 그러나 수학은 비서구 문화의 '열등성'을 '보여주기' 위한 중요한 도구로 사용되었다.

유럽은 수학에서 유럽 중심주의를 전파하기 위해 세 가지 전술을 사용했지.

1. 비서구 문화의 기여를 차용하면서 동시에 그들을 보이지 않게 만들었다. '그리스의 기적' 이전에는 완전히 아무것도 없었고, 그리스의 기적 이후와 16세기의 '유럽의 부흥' 사이에도 전혀 아무것도 없었다. 이는 고전적인 유럽 중심주의 접근 방식이다.

그리스 → 암흑기 → 그리스 어 학습의 발견 → 르네상스 → 유럽의 문화적 의존성

2. 유럽은 수학을 특정한 방식으로 정의하고 다른 문명의 기여 중 대부분을 '진정한 수학이 아니다.'라고 선언했다. 비유럽의 수학적 전통은 전적으로 경험적인 것으로 묘사되었고, 순전히 실용주의적 목적으로 다뤄지는 것으로 설명되었다. 이론 수학이 아니라는 것이다.

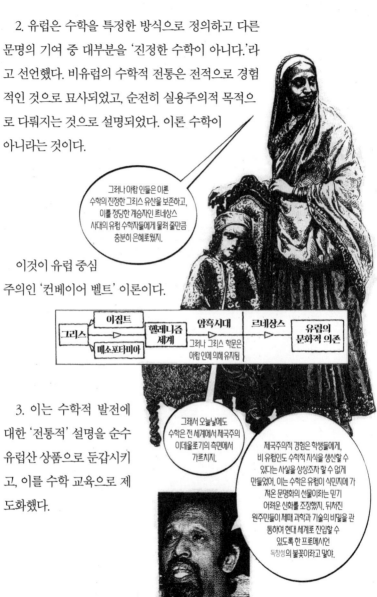

그러나 아랍 인들은 이론 수학의 진정한 그리스 유산을 보존하고, 이를 정당한 계승자인 르네상스 시대의 유럽 수학자들에게 물려 줄만큼 충분히 은혜로웠지.

이것이 유럽 중심주의인 '컨베이어 벨트' 이론이다.

| 그리스 | 이집트
메소포타미아 | 헬레니즘
세계 | 암흑시대
그러나 그리스 학문은
아랍 인에 의해 유지됨 | 르네상스 | 유럽의
문화적 의존 |

3. 이는 수학적 발전에 대한 '전통적' 설명을 순수 유럽산 상품으로 둔갑시키고, 이를 수학 교육으로 제도화했다.

그래서 오늘날에도 수학은 전 세계에서 제국주의 이데올로기의 측면에서 가르치지.

제국주의적 경험은 학생들에게, 비유럽인도 수학적 지식을 생산할 수 있다는 사실을 상상조차 할 수 없게 만들었어. 이는 수학은 유럽이 식민지에 가져온 문명화의 선물이라는 믿기 어려운 신화를 조장했지. 뒤처진 원주민들이 제때 과학과 기술의 비밀을 관통하여 현대 세계로 진입할 수 있도록 한 프로메시안 독창성의 불꽃이라고 말야.

조지 게버기스 조셉
George Gheverghese Joseph,
영국 아시아 인 수학 역사가.

비주류 민족 수학

결국 '비주류 민족 수학'이 연구되고, 홍보되고, 교육에 사용되게 되었어.

비주류 민족 수학은, 학문으로써 수학을 문제시하여 일반적으로 학교나 대학에서 언급되지 않던 '기타' 수학을 교육 현장에 등장시켰지.

이는 수학을 문화 및 사회와 긴밀한 관계로 확립하려는 것이었다. 또한 '수학'에는 플라톤 전통에 대한 추상적인 이론 연구와 그로부터 파생된 교육 커리큘럼이 그 이상을 포함하고 있다는 점을 일깨워준다. 우리는 서로 다른 사람들이 수학적 과제를 수행하고, 이해하는 방식에 있어 얼마나 많은 다양성과 독창성, 창의성이 적용되는지 알 수 있다.

'민족Ethno'이라는 단어는 사람을 의미하고, 에스노매서매틱스 Ethnomathematic은 지식과 문화적 생산에서 제외된 모든 사람들이 추구했던 수학을 의미하지.

거기에는 중국, 인도, 이슬람과 같은 비서구 문명의 수학적 전통이 포함돼…

…브라질의 무식쟁이 행상인의 '길거리 수학'과 같은 고대문화의 '토착' 수학도…

라틴 아메리카 원주민의 민속 수학도…

…미국의 카펫 까는 기술…

…유럽 여성의 뜨개질에 관련된 수학 조차도 대수학으로 보여.

잠깐만요! 이 모든 것들에 여자들은 어디에 있죠?

페이지를 넘기면 볼 수 있어요…

따라서 민족 수학에는, 공식적인 기호 체계뿐만 아니라, 공간 설계, 실용적인 구성기법, 계산법, 시간과 공간의 측정, 추론 및 추리의 구체적인 방법, 기타 인지 활동 및 사물을 다루는 활동이 포함된다.

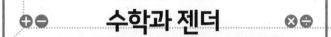

수학과 젠더

과거에 수학에서 특출난 소수의 여성들이
기회를 얻어 호기심을 자극했다. 이들 중
한 명인 프랑스의 수학자인 소피 제르맹

> 우리의 수학적 유산이
> 주로 이미 '죽은 백인 남성'에 의해
> 개발되었다는 것은 유감스럽지만
> 사실이지.

Sophie Germain, 1776~1831은, 실제로 독일의 수학자인 카를 프리드리히 가

우스 Karl Friedrich Gauss, 1777~1855

와의 서신에서 남자인 척했다.

> 내 비밀은 나폴레옹 군대가
> 그의 도시 괴팅겐을 점령했을 때
> 드러나버렸고, 난 그의 안전을 보장하기
> 위해 내 영향력을 사용했어.

> 프랑스 사령관이 나에게
> 제르맹 부인에 대해 칭찬했을 때
> 난 놀랐지. 난 나의 파리 통신원이
> 청년이라고 생각했거든!

수학에서 여성의 전통적인 '열등성'에 대해 심리학자들은 다양한 이
유를 이야기했다.

> 하지만 전체적으로 수학에서
> 여학생이 남학생보다 더 잘하기
> 때문에, 이는 긴급한 해결책이 필요한
> 사회문제로 여겨지고 있어.

지금 어디쯤인가?

1천 년이 넘는 기간 동안 서구문화는 수학에 대한 플라톤적 상상력에 지배되어 왔다.

이 상상력은 모순으로부터 자유롭고, 진리에 닿으려고 했지만 실생활과는 거리가 있었어.

상상력과 현실 사이의 많은 불일치는 보이지 않게 감춰져 있었지.

철학자, 교사, 대중 강연자는 플라톤적 상상력이라는 틀 안에서 수학을 보여주었다. 과학이란 수학적 진리의 응용으로 여겨졌다. 비유럽 문화권의 수학에 대한 기여는 무시되거나 왜곡되었다.

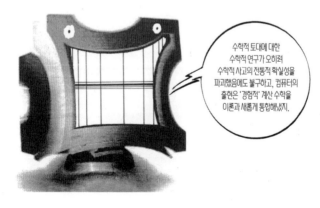

수학적 토대에 대한 수학적 연구가 오히려 수학적 사고의 전통적 확실성을 파괴했음에도 불구하고, 컴퓨터의 출현은 '경험적' 계산 수학을 이론과 새롭게 통합해냈지.

√173

현대 산업사회가 성취한 광범위한 활용 능력에도 불구하고, 효과적인 수리 능력은 여전히 사회적·문화적 엘리트 계층으로 제한되고 있다.

이런 상황에서 우리는 과학을 통한 수학이 우리 주변의 현실 세계의 불확실성을 정복해내지 못했다는 사실을 이해하고 감사할 줄 알아야 한다. 진정한 지식과 그 성과에 대해 다시 생각할 필요가 있는 것이다.

그러므로 수학은 새로운 도전에 직면해 있다. 그리고 우리는 이들 문제를 해결하는 데 중요한 역할을 한다. 버클리 주교의 말씀에 따르면…

당신의 방식대로 읽으시오.

수학을 대중화하는 책은 기하급수적으로 증가하는 것 같다. 하지만 무료로 제공되는 과다한 책들 중에 좋은 책을 고르기는 어려워 보인다.

따라서 수학의 역사, 철학 및 실습을 엿볼 수 있는 '인본주의적' 상상력을 원한다면 'P.J. 데이비스와 R. 허쉬(P.J. Davis and R. Hersh)'의《수학적 경험과 데카르트의 꿈(The Mathematical Experience and Descartes' Dream, 1981판, 1986판)》을 읽고, 'M. 킬라인(Kiline M. Kiline)'에게《서양사상의 수학, Mathermatics in Western Thought, 1972)》에서 기념비적인 설명의 자문을 구하라. M. 킬라인은 또《수학: 정확성의 상실(Mathematics: The Loss of Certainty, 1980)》에서 수학의 기초에 관한 억눌린 갈등에 대해 최초로 체계적인 폭로를 제공한다.

'이안 스튜어트(Ian Stewart)'는 그의 수많은 저서 중《수학: 확실성의 상실(The Loss of Certainty, 1980)》에서 수학의 복잡성을 쉽게 하고 좀 더 재미있게 만들었다. 그는《수학의 문제(Problems of Mathematics, 1987)로 시작해서《수학의 미로(The Magical Maze, 1988)》로 이동한다.

'조지 G. 조셉(George G. Joseph)'은《공작의 문장(The Crest of the Peacock, 1990)》에서 '수학의 비 유럽적 뿌리'를 추적한다.

'도널드 힐(Donald Hill)'은《이슬람의 과학과 공학에서의 무슬림 수학(Muslim mathematics in Islamic Science and Engineering, 1993)》에서 읽기 쉬운 설명을 제공한다.

'M. 아셔(M. Ascher)'는《민족수학(Ethnomathematics, 1990)》에서 '수학 사상에 대한 다문화적 관점'을 제공한다.

'M.P 클로스(M.P. Closs)'는《아메리카 원주민 수학(Native American Mathematics, 1986)》, '클라우디아 자슬라브스키(Claudia Zaslavsky)'는《수학의 두려움(Fear of Maths, 1994)》을 해소하기 위해 다양한 노력을 기울이고 있다.

'사이먼 싱(Simon Singh)'은《페르마의 마지막 정리(Fermat's Last Theorem, 1997)》가 최근에 어떻게 증명되었는지 설득력 있는 설명을 제공한다.

'S. 데하네(S. Dehaene)'는《숫자 감각(The Number Sense, 1997)》에서 수학적 사고에 대한 신경 심리학적 접근 방식을 탐구한다.

'데이비드 벌린스키(David Berlinski)'는《미적분 둘러보기(A Tour of the Calculus, 1996)》로 독자들을 데려간다.

'지오딘 사르다르(Ziauddin Sardar)'와 '이와나 에이브럼스(Iwona Abrams)'는《혼돈의 소개, Introducing Chaos, 1988)》에서 재치 있는 안내를 제공한다.

'S.O. 푼토비치(S.O. Funtowicz)'와 'J.R. 라베츠(J.R. Ravetz)'의《정책을 위한 과학의 불확실성과 질(Uncertainty and Quality in Science for Policy, 1990)》는 정책수에 관해 선구자적인 견해를 보여준다.

마지막으로 '피터 히긴스(Peter Higgins)'의《호기심을 위한 수학(Mathematics for the Curious, 1998)》은 여러분의 호기심을 충족시켜 줄 것이다.

지은이

지오딘 사르다르(Ziauddin Sardar)

물리학자로서의 경력을 시작했으며 문화평론가와 과학 저널리스트이자 텔레비전 기자로 활약했다. 현재 유명한 사상가로 다양한 책을 쓰고 있다. 지은 책으로《야만적 타인, 포스트모더니즘과 타자(Barbaric Others, Postmodernism and Other)》《사이버 미래(Cyber futures)》《무함마드, 문화연구와 혼돈(Muhammad, Cultural Studies and Chaos)》등이 있다.

제리 라베츠(Jerry Ravetz)

광범위한 분야에 정통한 철학자로 케임브리지 대학에서 수학 박사 학위를 취득한 후 수학의 대중 이해 생산에 관한 권위 있는 워킹 그룹에 참여했다. 리즈 대학교에서 과학역사와 철학 낭독자였으며 사회 및 과학 문제의 정책수와 불확실성에 관한 연구를 개척했다. 지은 책으로《과학 지식과 그 사회문제(Scientific Knowledge and Its Social Problems)》가 있다.

그린이

보린 반 룬(Borin Van Loon)

영국 일러스트레이터이자 만화가. 다양한 주제의 삽화와 만화를 그려왔으며 초현실주의 화가로도 활동하고 있다. 런던 과학박물관의 갤러리 전시회를 위해서 다양한 콜라주와 만화 벽화를 그렸다.

수학사 아는 척하기

초판 1쇄 인쇄 2021년 7월 22일
초판 1쇄 발행 2021년 7월 29일

지은이 지오딘 사르다르 · 제리 라베츠
그린이 보린 반 룬
옮긴이 양영철
감수이 최화정

펴낸이 박세현
펴낸곳 팬덤북스

기획위원 김정대 김종선 김옥림

기획편집 윤수진 김상희
디자인 이새봄 이지영
마케팅 전창열

주소 (우)14557 경기도 부천시 부천로 198번길 18, 202동 1104호
전화 070-8821-4312 | **팩스** 02-6008-4318
이메일 fandombooks@naver.com
블로그 http://blog.naver.com/fandombooks

출판등록 2009년 7월 9일(제2018-000046호)

ISBN 979-11-6169-172-5 03410